暖通空调节能技术与应用研究

王利霞　著

中国纺织出版社有限公司

内 容 提 要

本书从暖通空调的发展出发，在阐述暖通空调系统基本原理的基础上，采取供暖、热源、通风及设备的融合方式，以“节能”为技术主线，全面介绍了供暖、热源、通风及其节能技术，并且提出了优化运行节能的一些方法和措施，同时对实现运行节能的监测系统给予介绍。此外，本书还通过理论与实践相结合的方法对绿色建筑技术在暖通空调设计中的应用进行了充分的论述。本书结构合理、论述严谨、条理清晰、实例丰富、内容丰富新颖，是一本值得学习和研究的著作。

图书在版编目（CIP）数据

暖通空调节能技术与应用研究 / 王利霞著 . -- 北京：中国纺织出版社有限公司，2022.12

ISBN 978-7-5229-0236-4

Ⅰ. ①暖… Ⅱ. ①王… Ⅲ. ①房屋建筑设备－采暖设备－节能－研究②房屋建筑设备－通风设备－节能－研究③房屋建筑设备－空气调节设备－节能－研究 Ⅳ. ① TU83

中国版本图书馆 CIP 数据核字（2022）第 253843 号

责任编辑：柳华君　责任校对：王蕙莹　责任印制：储志伟

中国纺织出版社有限公司出版发行
地址：北京市朝阳区百子湾东里 A407 号楼　邮政编码：100124
销售电话：010—67004422　传真：010—87155801
http://www.c-textilep.com
中国纺织出版社天猫旗舰店
官方微博 http://weibo.com/2119887771
三河市宏盛印务有限公司印刷　各地新华书店经销
2022 年 12 月第 1 版第 1 次印刷
开本：787 × 1092　1/16　印张：8.25
字数：150 千字　定价：98.00 元

凡购本书，如有缺页、倒页、脱页，由本社图书营销中心调换

前言

随着我国经济建设的高速发展和人民生活水平的不断提高，采暖、通风和空调技术也得到了快速发展和广泛应用，国内设计、制造、安装和管理的水平已经达到甚至超过了发达国家或地区。同时，新型的技术和产品不断出现，产品也不断向着绿色节能环保的目标改进，这一切都对该专业的人才培养提出了更高的要求。

能源消耗量的大小决定着我国国民经济发展的快慢。建设生态文明、推进新型城镇化节能绿色低碳发展、应对气候变化是当前和未来一个阶段建设领域内的发展目标和重点。在新的时期，我们要继续发挥行业的作用和功能，承担起建筑领域节能减排的重任，创造适宜的人工室内环境，满足人们工作、生活、生产的需求，同时加强暖通空调专业与其他相关专业的协作，在专业设计中充分体现设计创新、技术创新、理念创新的理念，使设计与创新有机地结合起来，共同推动我国建筑节能事业的发展，为我国可持续发展的低碳经济之路做出贡献。

本书从暖通空调的发展出发，在阐述暖通空调系统基本原理的基础上，采取供暖、热源、通风及设备的融合方式，以“节能”为技术主线，全面介绍了供暖、热源、通风及其节能技术，并且提出了优化运行节能的一些方法和措施。此外，本书还通过理论与实践相结合的方法对绿色建筑技术在暖通空调中的应用进行了充分的论述。本书结构合理，论述严谨，条理清晰，实例丰富，内容丰富新颖，是一本值得学习和研究的著作。

在本书的撰写过程中，笔者引用了许多文献资料，谨向相关作者表示衷心感谢；由于作者水平有限，书中难免有错误和不妥之处，恳请广大读者给予批评指正。

王利霞

2022 年 11 月

目录

第一章
暖通空调的发展与原理

第一节　暖通空调的发展

一、暖通空调的发展历史

（一）暖通空调的发展

人类为了抵御严寒和酷暑，很早以前就采取了各种各样的办法，如生火取暖、凿窖储冰降温等。随着工业发展和科学技术进步，逐渐形成了一门重要的环境调控与保障技术——暖通空调技术，这项技术使人类能够改变自己居住场所的湿热环境。

在改善建筑环境条件方面，人类经历了一个漫长的探索、实践与经验积累过程。人们在西安半坡遗址发现了长方形灶坑，屋顶有小孔用于排烟，还有双连灶形的火炕，也就是说，在新石器时代仰韶时期就有了火炕。北京故宫中还完整地保留着火地供暖系统，即以烟气为介质的辐射供暖。此外，自然通风在古代已经被用来降温，如在建筑的布局上利用穿堂风等。

目前北方农村中还普遍应用着古老的供暖设备与系统火炕、火炉、火墙。我国早在明朝时就已在皇宫中开创了应用火地形式的烟气供暖系统及手拉风扇装置等，如今在北京故宫、颐和园中尚可觅其踪影。这意味着一种初级的建筑环境控制技术正在逐步形成，暖通空调技术势必会发展起来。

中华人民共和国成立后，我国供暖通风与空调技术才得到迅速发展。在 20 世纪 50 年代，我国迎来了工业建设的第一次高潮，但是由于经济的原因，当时新建的住宅中还大量采用了经改进的火炉、火墙、火炕等烟气供暖系统。在这一时期国家建立了供暖、通风和制冷设备的制造厂，主要是仿制苏联产品，生产供暖、通风和制冷产品，如暖风机、空气加热器、除尘器、过滤器、通风机、散热器、锅炉、制冷压缩机及辅助设备等。但是，当时基本上没有空调产品和专门供空调使用时的制冷设备。为了培养供暖、通风、空调技术方面的人才，教育部门相继在哈尔滨工业大学、清华大学、同济大学、东北大学、天津大学、太原工学院、重庆建筑工程学院和湖南大学八所院校设置了“供热、供燃气与通风”专业，完全按苏联的模式进行暖通空调人才培养。

20 世纪六七十年代，我国从仿制苏联产品转向自主研发。这段时期热水供暖、集中供暖技术得到快速的发展。20 世纪 70 年代末，我国东北、西北、华北地区集中供暖面积已达 1248 万平方米。这个时期电子工业发展迅速，促进了洁净空调系统的发展，其主要应用在高级宾馆、会堂、体育馆、剧场等公共建筑中。

20 世纪八九十年代是我国供暖通风与空调技术发展最快的时期，同时也是我国经济转轨时期，为供暖通风与空调技术提供了广阔的市场，空调器也陆续进入家庭。

（二）暖通空调的技术领域

暖通空调是指建筑内部环境在“热”“湿”及“污染物”干扰条件下的调控技术，这里的“建筑内部环境”一词限指特定建筑空间内部围绕人的生存与发展所必需的全部物质世界。暖通空调技术领域侧重研究室内热（湿）环境与空气品质等物理环境，并未涵盖建筑环境质量的全面控制问题。

随着科学技术的发展和人们生活水平的提高，暖通空调工程在日常生活和社会生产中发挥着越来越重要的作用。先进的暖通空调技术可以给人们的生活提供极大便利，有助于提高人们的生活水平。同时，任何科学技术的发展都有暖通空调技术的贡献，特别是对环境有严苛要求的科学实验、电子产品生产、抗生素生产、手术室、高精密的仪器生产车间等，都需要可靠的暖通空调系统做保障。

建筑物内部环境质量的好坏及污染物量的相对平衡总是受到室内与室外两种干扰因素的影响。建筑环境控制要依据污染物类别、数量的不同，采用不同的暖通技术以实现建筑物内部的人工调控。这里所说的污染物类别，可以是“热”“湿”及其他有害物，如粉尘、有害气体等。

在暖通空调技术的应用中，人们通常需要借助相应的暖通空调系统来实现对建筑环境的控制。暖通空调系统通常由供暖、通风、空气调节三个基本部分组成，缩写为 HVAC。

1. 供暖

供暖，又叫作采暖，是用人工方法向室内供给热量，保持一定的室内温度，以创造适宜的生活或工作环境的技术。当建筑物室外温度低于室内温度时，房间通过围护结构及通风通道会造成热量损失，供暖系统的功能则是将热源产生的热媒经输热管道送至用户，通过补偿这些热损失以维持室内温度在要求的范围内。供暖是人类最早发展起来的建筑环境控制技术，如火炕、火炉、火墙、火地等供暖方式及今天的供暖设备与系统。一个供暖系统由热源、管网系统、散热末端及附属设备组成，能在寒冷季节保证室内温度。

供暖主要采用辐射或对流等形式使空间内的温度达到设计要求。供暖系统有多种分类方法，人们常用按热媒种类划分，其分为热水采暖、蒸汽采暖和热风采暖三种。供暖热源可以选用各种锅炉、热泵、热交换器或各种取暖器具。散热设备包括各种结构、材质的散热器（暖气片），空调末端装置及各种取暖器具。其用能形式则包括耗电、燃煤、燃油、燃气或建筑废热与太阳能和地热能等自然能的利用。

2. 通风

通风的实质就是给室内送入新鲜空气，排出污浊空气，保持室内有害物的浓度在一定卫生要求范围内的技术手段。通风的主要任务是控制室内空气污染物，保证其良好的空气品质。通风的基本功能是稀释室内污染物和气味、排除室内的余热和余湿、提供人们所需的新鲜空气、排除室内污染物及补充燃烧所消耗的空气。

通风系统同样可分为多种类型。某些严重污染的工业厂房和特种工程（如人防）的通风系统可能需要配备一些专用设备与构件，对空气的处理也有比较严格或特殊的要求。

3. 空气调节

空气调节简称空调，其用来对某一房间或空间内的温度、湿度、洁净度和空气流动速度等进行调节与控制，并提供足量的新鲜空气。空调系统由冷源、热源、管道系统、动力设备、空气处理设备和风口等组成。

空调系统一般由被调对象、空气处理设备、输配管网、冷热源和自动控制系统组成。空调设备种类繁多，按照结构形式可分为组合式、整体式及其他小暖通空调设计与技术应用研究型末端空调器等。冷源又分为天然冷源和人工冷源。

空气调节按照服务对象的不同可分为两大类。

①舒适性空调。即主要为满足人体舒适性要求的空气调节技术。

②工艺性空调。即主要为满足生产或其他工艺过程要求而进行的空气调节技术，根据工艺不同，有的侧重于温度，有的侧重于湿度，有的侧重于空气洁净度，并且其提出了一定的调节精度要求，如精密仪器生产车间、纺织厂、净化厂房、电子器件生产车间、计算机房、生物实验室等。

暖通空调的任务就是向室内提供冷量或热量，并稀释室内的污染物，以保证室内具有舒适的气温环境和良好的空气品质，以满足人们的生活、工作、生产与科学实验等活动对环境品质的特定要求。

在工程上，人们将只实现空气温度调节和控制的技术手段称为供暖或供冷，将只实现空气的清洁度处理和控制并保持有害物浓度在一定的卫生要求范围内的技术手段称为通风。就其实质而言，供暖、供冷及通风都是对内部空间环境进行调节和控制，只是在调节和控制的要求及在空气环境参数调节的全面性方面有别而已。此外，用来控制和调节空气温度、湿度的冷（热）源可能是人工的，也可能是天然的。

（三）暖通空调的地位与作用

暖通空调对国民经济各部门的发展和人民物质文化生活水平的提高具有重要作用。在工艺性空调中，为了保证产品的质量和必要的工作条件，其形成了各具特点的部门。有以高精度、恒温、恒湿为特征的精密机械及仪器制造业，在这些行业的生产过程中，为避免元器件由于温度变化产生胀缩及湿度过大引起表面锈蚀，因此它们对空气的温度和相对湿度有严格规定，如（20±0.1）℃，50% ~ 5%；有对空气的洁净度有高度要求的电子工业，它除了对空气的温度、湿度有一定要求外，还对室内空气的洁净度有严格要求，如在超大规模集成电路的某些工艺过程中，空气中悬浮粒子的控制粒径已降低到 0.1μm，并规定每升空气中大于或等于 0.1μm 的粒子总数不得超过一定的数量；在纺织工业中，如在合成纤维工业、锦纶生产厂的多数工艺过程中就要求相对湿度的控制精度在 ±2%。此外，如胶片、光学仪器、造纸、橡胶、烟草等工业也都有一定的温湿度控制要求；作为工业中常用的计量室、控制室及计算机房等，均要求有空气调节设备；在通信、航天飞行中的座舱、飞机、轮船等地点均需采用空气调节技术。同时，在公共及民用建筑中，装有空调的音乐厅、影剧院、办公楼、民用住宅更是随处可见。随着经济的发展和人民生活水平的不断提高，暖通空调的发展前景更是广阔，一些新的领域还有待人们去开拓。

暖通空调课程以流体力学、工程热力学、传热学、建筑环境学、流体输配管网、传热传质原理与设备等主要专业技术基础课为先修课程，所以有关湿空气物理性质、室内热湿环境、空气环境与声、光环境控制、热湿交换设备及其传热传质计算、流体输配管网的设计分析、暖通空调系统的自动控制等内容，主要放到这些相应专业技术基础课中讲授。

暖通空调课程则侧重于对学生工程应用知识与能力的培养，使其掌握各种具体的建筑室内环境调节与控制技术、工程实用设计计算方法、相关设备的选择计算及相关系统的设计与运行调节等知识和技能。

二、暖通空调技术的发展趋势

（一）暖通空调技术发展概述

从某种意义上来说，现代暖通空调技术的发展，既是节能技术、空调技术的发展过程，又是一个人们对环境控制不断加强、深入、深化的过程。现代暖通空调有两个发展方向：走可持续发展之路及充分利用信息技术和自动控制技术。

新材料、新设备的快速发展，促进了暖通空调系统及设备能效水平的进一步提高。各种聚合材料由于重量轻、耐腐蚀及良好的热性能和经济性等特点，在暖通空调工程中得到了广泛应用，收到了良好的效果。此外，新型设备的不断出现，使暖通空调工程向着更加节能和高效的方向发展。

（二）发展趋势

1. 节能与能源的合理利用

建筑环境质量的保障总是要以资源、能源的巨额消费为代价。在一些发达国家，建筑能耗已占到全国总能耗的 30% ~ 40%。能源是社会发展的重要物质基础，节能早已成为全世界共同关注的带有战略性的根本问题。人们要不断提高空调产品的性能，降低能源消耗，更重要的是要促进利用余热、自然能源和可再生能源产品的开发与应用。人们在实际设计过程中应优先采用蒸发冷却和溶液除湿空调等自然冷却方式。

2. 关注室内空气品质

由于西方国家曾经采取的抑制暖通空调能耗增长的措施，如增强建筑密封性、降低空调设计标准等，导致了室内环境的严重污染，甚至对人们的身体健康造成危害，因此，建筑环境的舒适性与室内空气品质引发了暖通空调行业学者们的热议和研究。人们要关注现代建筑中室内装修的材料应用，有效治理挥发性有机化合物（VOC）污染和苯乙烯（SBS）等环境问题，营造健康、环保、绿色的室内环境。

3. 加强自动控制技术

要加强能源管理自动化技术，在暖通空调工程建设中解放工程技术人员的双手，利用微型计算机强大的功能，对大数据信息进行采集和处理，采用数字化的控制和监督系统，分级分步骤地控制集散系统，使用动态特性模拟调节器，提高建筑能源的自动化管理。

4. 加强标准化建设

暖通空调制冷行业的技术法规和标准是提高生产效率、保证产品质量和推进国际贸易必不可少的手段和依据。有关部门要加强空调行业的标准化建设，积极采用国际标准和国外先进标准。

三、暖通空调节能技术的应用

（一）热泵技术

其是一种热能回收技术，利用空气、水或土壤中所蕴藏的、趋于无限的能量，一年四季都可以取出其中的热量来制造热水，或者将热量排放到空气、水、土壤中。热泵机组（水源或空气源）是当前最为节能、最为环保的空调采暖设备，也是最为安全、最为可靠、最为简便的热水设备。

（二）冷热电三联供技术

冷热电联产是热电联产的进一步发展。对一些以冬季采暖为主要目的热电联产系统，在非采暖季节很难实现高效运行，特别是在以热定电的运行模式（以热为主，按照一定的热电比，以供热量的多少来确定发电量）下，热电联产的发电功率受到极大限制，夏季运行工况的经济性和能源利用效率难以保障。吸收式制冷技术利用余热制冷，可以将用户夏季对冷负荷的需求转化为对热负荷的要求，使热电联产进一步发展为冷热电联产。典型的冷热电联产系统是由一个联合循环的热电联产电厂和一个吸收式制冷装置组成，其在夏季可以实现冷电联合生产和供应，从而大幅度地提高系统全年有效运行时间，使其经济性进一步提高。

近年来，分布式冷热电联产系统日益受到人们的重视。分布式冷热电联产系统主要是以小型燃气轮机、内燃机、燃料电池和微型燃气轮机为动力，配以余热利用锅炉、吸收式制冷实现冷热电联供。该系统将燃气轮机的排气送入余热锅炉产生水蒸气，再将蒸汽引入汽轮机做功，汽轮机排除的蒸汽直接用于采暖用蒸汽或送入换热器制取采暖用热水，而在夏季工况蒸汽则作为吸收式制冷机的驱动热源，制取空调用冷水。

（三）气候补偿器技术

过量供热是目前我国集中采暖系统普遍存在的问题。导致过量供热的主要原因是集中供热系统热源未能随着天气变化及时有效地调整供热量，使整个供热系统部分时间整体过热，这种现象在采暖初期和末期尤为明显。过量供热使建筑实际耗能量高于需热量，造成了能源浪费。据统计，在集中供热系统各环节损失的能耗中，小规模集中供热的过量供热量约占 10%，大型城市集中供热的过量供热量约占 20%。

要减少过量供热，采用气候补偿器就可以有效解决。气候补偿器的工作原理是当室外温度改变时，其首先根据室外温度计算出一个合理的用户需求供水温度，再通过可自动调节的阀门调节热源或热网的供水温度至该需求温度，从而使供水温度随天气变化及时调节，在时间轴上实现热量的供需平衡。由于采暖热负荷并不是一个可直接测量的物理量，从而无法通过热负荷直接反馈的方式控制热源出力，人们只能通过检测室外温度间接预测热负荷后，再控制热源与之相匹配，以达到适量供热。为了弥补这种不足，在完善的气候补偿器系统中，其还要监测用户室内温度，依据反馈回来的房间温度对供水温度进行适当修正。这样气候补偿器在实际运行时，就可以利用监测到的室外温度和用户室内温度计算出需要的供水温度（计算供水温度），然后通过某种控制手段将系统的实际供水温度控制在计算供水温度允许的波动范围之内。

（四）蓄能空调技术

蓄能空调技术是在蓄冷、蓄热技术的基础上发展起来的新技术，它利用蓄能设备在空调系统不需要能量的时间内将能量储存起来，在空调系统需要的时间将这部分能量释放出来，主要包括潜热蓄能、冰蓄冷、显热蓄能、水蓄冷、蓄热等相关技术。将冷量以显热或潜热形式储存在某种介质中，并能够在需要时释放出冷量的空调系统称为蓄冷空调系统。蓄冷系统，也称热能储存系统，即在夜间空调负荷很低的时候，制冷系统开机制冷，将冷量以冰、冷水或凝固状相变材料的形式储存起来，待白天空调负荷高峰时将冷释放出来以满足空调负荷的需要。

（五）太阳能利用技术

太阳能利用技术主要包括太阳能光电技术和太阳能光热技术，太阳能光电技术主要是将太阳能的辐射能直接转化为电能；太阳能光热技术是指在不采用特殊机械设备的情况下，利用辐射、对流和导热使热能自然流经建筑物，并经过建筑物本身的性能控制热能流向，从而得到采暖和制冷的效果。目前，太阳能光热技术的主要应用包括太阳能生活热水、太阳能采暖、太阳能制冷、太阳能幕墙等。

（六）通风系统节能技术

自然通风是一种利用自然能量而不是依靠空调设备来维持适宜的室内热环境的简单通风方式。自然通风方式适合于全国大部分地区的气候条件，常用于夏季和过渡（春、秋）季建筑物室内通风、换气及降温，通常也作为机械通风的季节性、时段性的补充通风方式。

置换通风方式比混合通风方式节能，根据有关资料统计，置换通风方式在高大空间内可节约制冷能耗 20% ~ 50%。置换通风具有较高的室内空气品质、热舒适性和通风效率，同时可以节约建筑能耗。

排风热回收节能技术。空调系统的新风负荷在空调系统负荷中占有较大比例，为 30% ~ 50%，在人员密集的公共建筑内区甚至占到 70% 以上，因此，降低新风处理系统的能耗成为空调节能中的重要环节。

上述通风系统节能技术，没有地域限制。对于公共建筑来说，均可以根据实际需要采用一种或多种节能技术。

第二节　热工学基础与湿空气的物理性质

一、热工学概述

在暖通空调工程中经常会遇到计算供暖、空调房间负荷，确定换热设备规格，处理送入房间的空气等问题。要解决这类问题就需要具备热工学方面的知识。本节简要介绍有关水蒸气的性质、湿空气的性质以及传热学等的基本知识。

（一）基本概念

1. 工质

在暖通空调系统中，经常会需要实现热能与机械能的转换或热能的转移等热力过程，通常都需要借助于一种能携带热能的工作物质来实现这些热力过程，这种工作物质简称工质，工程中常用的工质有气体、液体和蒸汽等。

2. 热力系统

热力学的重要研究方法之一就是选取及建立热力系统，本节研究的物质热力状况，可以将这种物质利用一个闭合的边界（设备界面、与外界的接触面等真实或假想的边界），将其从周围的环境划分出来，边界内部所包围的空间物体就称为热力系统，边界外部物体称为边界或环境。

热力系统与外界之间没有热的相互作用，这种系统称为绝热系统。系统既不与外界发生质量交换，又不发生能量交换，则称为孤立系统。但孤立系统也可能是由几个物质和能量交换的分系统组成。这两个系统的概念是抽象的概念，虽然自然界不存在绝对的绝热和孤立系统，但对热力系统的研究很有帮助。

3. 温度

温度是表征物体冷热程度的参数，是物质分子平移运动的平均动能的量度；在一个系统中大量分子的热运动情况，可以用一个平均速度来表示，分子热运动越强烈，分子热运动平均速度越大，表现为系统的温度越高。因此，气体的平均动能仅与温度有关，并与热力学温度成正比。可见，温度的高低标志着物质内部大量分子热运动的强烈程度。

物体温度用温度计测量。测量的依据是：处于热平衡中的各个物体间具有相同的温度。所以当温度计与被测物体达到热平衡时，温度计指示的数值即为被测物体的温度。为保证各种温度计测出的温度值具有一致性，必须有统一的温度标尺，即温标。热力学温标为基本温标，其基本温度为热力学温度，也叫绝对温度，用 T 表示，单位为开尔文（Kelvin），符号为K。热力学温度也可采用摄氏温度，用 t 表示，单位为摄氏度，符号为℃，两种温标的关系为：

$$t=T-273.15\approx T-273℃ \tag{1-1}$$

4. 比热容

为了计算热力过程所交换的热量，必须知道单位数量物质的热容量。单位数量物质的热容量称为比热容。比热容的定义是：在加热（或冷却）过程中，使单位质量（kg）的物质温度升高（或降低）1K（或1℃）所吸收（或放出）的热量。表示物量的单位不同，比热容的单位也不同。对固体、液体常用质量表示，相应的是质量热容，用符号 c 表示，单位是 kJ/（kg·℃）。对气体除用质量外，还常用标准容积（m^3，标态）和千摩尔（kmol）作单位，对应的是容积热容和摩尔热容，单位分别为 kJ/（m^3·℃）和 kJ/（kmol·℃）。比热容除与物质性质有关外，还与其温度有关。在温度变化不是很大的场合，一般可把比热容看作定值。

质量为 m、比热容为 c 的物质，从温度 t_1 升高到 t_2 今所需吸收的热量 Q，可用式（1-2）计算：

$$Q=mc(t_1-t_2) \tag{1-2}$$

气体比热容的大小与热力过程的特性有关。定压加热过程中气体的比热容称为质量定压热容，用符号 c_p 表示；定容加热过程气体的比热容称为质量定容热容，用符号 c_v 表示。定压加热是保持气体压力不变的加热过程。在一个闭口系统中，在气体定压加热的过程中，气体可以膨胀，所以加入的热量除了用来增加气体分子的动能外，还应克服外力做功，因此，对同样质量的气体升高同样的温度，在定压过程中所需加入的热量比定容过程要吸收更多的热量。因此，同种物质，其质量定压热容 c_p 比质量定容热容 c_v 要大。

（二）水蒸气的物理性质

水蒸气是暖通工程上经常遇到的工质。因此，掌握水蒸气的性质十分重要。

1. 气化

工质由液态转变为气态的过程称为气化，相反的过程称为凝结。气化有蒸发和沸腾两种方式。蒸发是在液体表面上进行的气化过程，它可在任意温度下进行。蒸发是由于液体表面上一些能量较高的分子，克服其邻近分子的引力而离开液体表面进入周围空间所致。液体温度越高，具有较高能量的分子数目越多，蒸发越剧烈。蒸发除与液体温度有关以外，还与蒸发表面积大小及液面上空的压力有关。由于能量较高的分子离开液面，致使液体分子平均动能减小，液体的温度随之降低。蒸发时与之相反的过程也在同时进行，即空间某些蒸汽分子与液面相接触而由气态转变为液态。

在封闭容器内，当蒸发与凝结的分子数目相等时，蒸汽分子的浓度保持不变，蒸汽压力达到最大值，此时气液两相处于动态平衡。两相平衡的状态称为饱和状态；所对应的蒸汽、液体、气液两相的温度和压力分别称为饱和蒸汽、饱和液体、饱和温度、饱和压力。在一定温度下的饱和蒸汽，其分子浓度和分子的平均动能是一个定值，因此，蒸汽压力也是一个定值。温度升高，蒸汽分子浓度增大，分子平均动能增大，蒸汽压力也升高。所以，对应于一定的温度就有一个确定的饱和压力；反之，对应于一定的压力也有一个确定的饱和温度。例如，100℃水的饱和压力为 101.325kPa，20℃时其饱和压力为 2.29kPa。

沸腾是指表面和液体内部同时进行的剧烈气化现象。在一定的外部压力下，当液体温度升至一定值时，液体的内部会产生大量气泡，气泡上升至表面破裂而放出大量蒸汽，这就是沸腾，对应的温度则称为沸点。沸点随外界压力的增加而升高，二者具有一一对应关系，例如，压力为 100kPa 时，水的沸点为 99.63℃；压力为 500kPa 时，其沸点相应为

151.85℃。不同性质的液体沸点不相同，如在一个物理大气压下酒精沸点为 78℃，氨的沸点为 -33℃。

2. 湿饱和蒸汽、干饱和蒸汽和过热蒸汽

若在定压下对液体进行加热，当其达到饱和温度时，液体沸腾变成蒸汽；继续加热，则比容增加，温度不变，称为饱和温度。这时容器内存在饱和液体与饱和蒸汽的混合物，称为湿饱和蒸汽状态。再继续加热，液体全部变为饱和蒸汽，此时称为干饱和蒸汽状态。如进一步加热，则蒸汽的温度升高而超过该饱和压力下对应的饱和温度，比容也将增加，这种状态称为过热蒸汽。过热蒸汽温度与饱和温度之差称为过热度。

水蒸气是由液态水气化而来的一种气体，它离液态较近，不能将其作为理想气体。对水蒸气热力性质的研究，通常按各区分别通过实验测定并结合热力学微分方程，推算出水蒸气不可测的参数值，将数据列表或绘图供工程计算用。

二、湿空气的物理性质与焓湿图

湿空气既是空气环境的主体又是空调工程的处理对象。因此，首先要熟悉湿空气的物理性质及空气的焓湿图。

（一）湿空气的组成

大气由干空气和一定量的水蒸气混合而成的，称为湿空气。干空气的成分主要是氮、氧、氩及其他微量气体，其中多数成分比较稳定，少数随季节和气候条件的变化有所波动。但从总体上仍可将干空气作为一种稳定的混合物来看待。

空气环境内的空气成分和人们平时所说的“空气”实际上是干空气和水蒸气的混合物，即湿空气。湿空气中水蒸气的含量虽少，质量比通常为千分之几至千分之二十几。此外，水蒸气含量常随季节、气候、地理环境等条件的变化而变化。因此，湿空气中水蒸气含量的变化对空气环境的干湿程度产生重要影响，并使湿空气的物理性质随之发生改变。

（二）湿空气的状态参数

1. 压力

地球表面的空气层在单位面积上所形成的压力称为大气压力。大气压力随着各个地区海拔高度的不同而存在差异，海平面的标准大气压力为 101.325kPa。

湿空气中水蒸气单独占有湿空气容积，并具有与湿空气相同的温度时所产生的压力称为水蒸气分压力。根据道尔顿定律，湿空气的压力应等于干空气的分压力与水蒸气的分压力之和：

$$B=P_g+P_q \tag{1-3}$$

式中：B——湿空气压力，即大气压力，Pa；

P_g、P_q——干空气及水蒸气分压力，Pa。

在常温常压下干空气可视为理想气体，而湿空气中的水蒸气一般处于过热状态且含量很少，可近似地视作理想气体。所以，湿空气也应遵循理想气体的状态方程。

2. 含湿量

在空调工程中经常涉及湿空气的温度变化，湿空气的体积也会随之而变。用水蒸气密度作为衡量湿空气含有水蒸气量多少的参数会给实际计算带来诸多不便。为此，定义含湿量为：相应于 1kg 干空气的湿空气中所含有的水蒸气量，即：

$$d=\frac{m_q}{m_g},\text{kg}/\text{kg}_{干} \tag{1-4a}$$

因为 $m_g=V\rho_g$，$m_q=V\rho_q$，所以，式（1-4a）还可写为：

$$d=\frac{\rho_q}{\rho_g},\text{kg}/\text{kg}_{干} \tag{1-4b}$$

3. 相对湿度

在一定温度下，湿空气所含的水蒸气量有一个最大限度，超过这一限度多余的水蒸气会从湿空气中凝结出来。这种含有最大限度水蒸气量的湿空气称为饱和空气。饱和空气所具有的水蒸气分压力和含湿量称为该温度下湿空气的饱和水蒸气分压力和饱和含湿量。若温度发生变化，它们也将相应地发生变化，见表 1-1。

表 1-1　空气温度与饱和水蒸气压力及饱和含湿量的关系

空气温度 t/℃	饱和水蒸气压力 $P_{q\cdot b}$/Pa	饱和含湿量 d_b/（$\text{g}\cdot\text{kg}_{干}^{-1}$）（$B$=101325Pa）
10	1225	7.63
20	2331	14.70
30	4232	27.20

湿空气中水蒸气分压力与同温度下饱和水蒸气分压力之比称为相对湿度，它是另一种度量水蒸气含量的间接指标，可表示为：

$$\varphi=\frac{P_q}{P_{q\cdot b}}\times 100\% \tag{1-5}$$

式中：$P_{q\cdot b}$——饱和水蒸气分压力，Pa。

4. 湿空气的焓

在暖通工程中，空气的压力变化一般很小，可近似于定压加热或冷却过程。因此，可直接用空气焓的变化来度量空气的热量变化。湿空气的焓应等于 1kg 干空气的焓 i 加上与其同时存在的 d kg（或 g）水蒸气的焓。已知干空气的质量定压热容 $C_{p\cdot g}$=1.01kJ/(kg・℃)，水蒸气的质量定压热容 $C_{p\cdot q}$=1.84kJ/(kg・℃)，则湿空气的焓为：

$$i=1.01t+(2500+1.84t)d,\text{kJ/(kg}\cdot{}^\circ\text{C)} \tag{1-6a}$$

或

$$i=2500d+(1.01+1.84d)t,\text{kJ/(kg}\cdot{}^\circ\text{C)} \tag{1-6b}$$

由式（1-6b）可看出，[（1.01+1.84d）t] 是随温度而变化的热量，称为显热；而（2500d）仅随含湿量变化而与温度无关，称为潜热。由此可见，湿空气的焓将随温度和含湿量的升高而增大，随其降低而减少。式（1-6）中的常数 2500 是水在 0℃时的气化潜热。

第三节　传热基本原理

一、传热基本方式

凡是存在温度差的地方，就有热量由高温物体传到低温物体。因此，传热是自然界和人类活动中非常普遍的现象。以房屋墙壁在冬季的散热为例，整个过程分为 3 段。首先室内空气以对流换热的形式、墙与物体间以辐射方式把热量传给墙内表面；再由墙内表面以固体导热方式传递到墙外表面；最后由墙外表面以空气对流换热、墙与物体间以辐射方式把热量传给室外环境。从这一过程可以了解到：传热过程是由导热、热对流、热辐射 3 种基本传热方式组合形成的。不同的传热方式具有不同的传热机理，要了解传热过程的规律，首先要分析 3 种基本传热方式。

（一）导热

导热又称为热传导，是指物体各部分无相对位移或不同物体直接接触时依靠分子、原子及自由电子等微观粒子的热运动而进行的热量传递现象。导热过程可以在固体、液体及气体中发生。但在引力场下，液体和气体会出现热对流，因此，单纯的导热一般只发生在密实的固体中。

大平壁导热是导热的典型问题。平壁导热量与平壁两侧表面的温度差成正比，与壁厚成反比，并与材料的导热性能有关。因此，通过平壁的导热量的计算式可表示为：

$$Q=\frac{\lambda}{\delta}\ddot{A}tF \tag{1-7a}$$

或热流通量

$$q=\frac{\lambda}{\delta}\ddot{A}t \tag{1-7b}$$

式中：Q——导热量，W；

q——热流通量，W/m^2；

F——壁面积，m^2；

δ——壁厚，m；

$\ddot{A}t$——壁两侧表面的温差，℃，$\ddot{A}t=(t_{w2}-t_{w1})$；

λ——导热系数，指具有单位温度差的单位厚度物体，在它的单位面积上每单位时间的导热量，单位是 W/（m^2 • ℃）。它表示材料导热能力的大小。导热系数一般由实验测定。改写式（1-7b），得：

$$q=\frac{\ddot{A}t}{\delta/\lambda}=\frac{t}{R_\lambda} \tag{1-8}$$

用 R_λ 表示导热热阻，则平壁导热热阻为 $R_\lambda=\delta/\lambda$m^2 • ℃ /W。可见平壁导热热阻与壁厚成正比，而与导热系数成反比。不同情况下的导热过程，导热热阻的表达式各异。

（二）热对流

依靠流体的运动，把热量由一处传递到另一处的现象，称为热对流，它是传热的另一种基本方式。若热对流过程中，单位时间通过单位面积、质量为 $m$kg/（m^2 • s）的流体由温度 t_1 的地方流到 t_2 处，则此热对流传递的热量为：

$$q=mc_p(t_2-t_1) \tag{1-9}$$

因为有温度差，热对流又必然同时伴随热传导。而且工程上遇到的实际传热问题，都是流体与固体壁面直接接触时的换热，故传热学把流体与固体壁间的换热称为对流换热（也称放热）。与热对流不同的是，对流换热过程既有热对流作用，也有导热作用，故已不再是基本的传热方式。对流换热的基本计算式是牛顿提出的，即：

$$q=\alpha\ (t_w-t_f)\ =\alpha\ddot{A}t \tag{1-10a}$$

式中：t_w——固体壁表面温度，℃；

t_f——流体温度，℃；

α——换热系数，其意义指单位面积上，当流体与壁面之间为单位温差，在单位时间内传递的热量。换热系数单位是 W/（m^2·℃）。

α 的大小表达了该对流换热过程的强弱。式（1-10a）称为牛顿冷却公式。利用热阻概念，改写式（1-10a）可得：

$$q = \frac{\ddot{A}t}{1/\alpha} = \frac{t}{R_\alpha} \tag{1-10b}$$

式中：R_α 为单位壁表面积上的对流换热热阻，$R_\alpha=1/\alpha m^2$·℃ /W。

（三）热辐射

导热或对流都是以冷、热物体的直接接触来传递热量的，热辐射则不同，它依靠物体表面对外发射可见和不可见的射线（电磁波或者称光子）传递热量。物体表面每单位时间、单位面积对外辐射的热量称为辐射力，用 E 表示，单位是 W/m^2，其大小与物体表面性质及温度有关。对于绝对黑体（一种理想的热辐射表面），理论和实验证实，它的辐射力 E_b，与表面热力学温度的 4 次方成比例，即斯蒂芬—玻尔茨曼定律：

$$E_b=C_b(T/1000)^4 \tag{1-11a}$$

式中：E_b——绝对黑体辐射力，W/m^2；

C_b——绝对黑体辐射系数，$C_b=5.67W/(m^2 \cdot K)$；

T——热力学温度，K。

一切实际物体的辐射力 E 都低于同温度下绝对黑体的辐射力，有：

$$E_b=\varepsilon_b C_b\ (T/1000)^4,\ W/m^2 \tag{1-11b}$$

式中：ε 为实际物体表面的发射率，也称黑度，其值处于 0 ~ 1。

物体间依靠热辐射进行的热量传递称为辐射换热，它的特点是：在热辐射过程中伴随能量形式的转换（物体内能—电磁波能—物体内能）；不需要冷热物体直接接触；不论温度高低，物体都在不停地相互发射电磁波能，相互辐射能量，高温物体辐射给低温物体的能量大于低温物体向高温物体辐射的能量，总的结果是热量由高温物体传到低温物体。

两个无限大的平行平面间的热辐射是最简单的辐射换热问题，设两表面的热力学温度分别为 T_1 和 T_2，且 $T_1>T_2$，则两表面间单位面积、单位时间辐射换热量的计算式是：

$$q=C_{12}[(T_1/100)^4-(T_2/100)^4] \tag{1-11c}$$

式中：C_{12} 称为 1、2 两表面间的相当辐射系数，它取决于辐射表面的材料性质及状态，其值在 0 ~ 5.67。

二、传热过程

在工程中经常遇到两流体间的换热。热量从壁面一侧的流体通过平壁传递给另一侧的流体，称为传热过程。实际平壁的传热过程非常复杂，为研究方便，将这一过程理想化，看作一维、稳定的传热过程。设有一无限大平壁，面积为 $F\text{m}^2$，两侧分别为温度 t_{f1} 的热流体和 t_{f1} 的冷流体，两侧换热系数分别为 α_1 及 α_2，两侧壁面温度分别为 t_{w1} 和 t_{w2}，壁材料的导热系数为 λ，厚度为 δ。

整个传热过程分 3 段，分别用下列 3 个公式表达：

（1）热量由热流体以对流换热传给壁左侧，单位时间和单位面积传热量为：

$$q=\alpha_1 (t_{f1}-t_{f2})$$

（2）热量以导热方式通过壁：

$$q=\frac{\lambda}{\delta} (t_{w1}-t_{w2})$$

（3）热量由壁右侧以对流换热传给冷流体，即：

$$q=\alpha_2 (t_{w1}-t_{w2})$$

在稳态情况下，以上三式的热流通量 q 相等，把它们改写为：

$$t_{f1}-t_{w1}=\frac{q}{\alpha_1},t_{w1}-t_{w2}=\frac{q}{\lambda/\delta},t_{w2}-t_{f2}=\frac{q}{\alpha_2}$$

三式相加，消去未知的 t_{w1} 和 t_{w2}，整理后得：

$$q=\frac{1}{\frac{1}{\alpha_1}+\frac{\delta}{\lambda}+\frac{1}{\alpha_2}}(t_{f1}-t_{r2})=K(t_{f1}-t_{r2}) \tag{1-12a}$$

对 $F\text{m}^2$ 的平壁传热量为：

$$Q=KF(t_{f1}-t_{f2}) \tag{1-12b}$$

其中

$$K=\frac{1}{\frac{1}{\alpha_1}+\frac{\delta}{\lambda}+\frac{1}{\alpha_2}}=\frac{1}{R_K} \tag{1-13}$$

K 称为传热系数。它表明在单位时间、单位壁面积上，冷热流体间每单位温度差可传递的热量，K 的单位是 W/（m^2 • ℃），可反映传热过程的强弱。R_K 表示平壁单位面积的传热热阻。R_K 可表示为：

$$R_K = \frac{1}{K} = \frac{1}{\alpha_1} + \frac{\delta}{\lambda} + \frac{1}{\alpha_2} \quad (1\text{-}14)$$

由式（1-14）可见，传热过程的热阻等于热流体、冷流体的换热热阻及壁的导热热阻之和，类似于电阻的计算方法，掌握这一点对于分析和计算传热过程十分方便。由传热热阻的组成不难看出，传热阻力的大小与流体的性质、流动情况、壁的材料以及厚度等因素有关，所以数值变化范围很大。

第二章 供暖系统节能技术与应用

第一节 供暖计量与节能

一、供暖计量的意义及方法

（一）供暖计量的意义

1. 节能措施

为节约能源，在进行热计量的收费之后，一般通过四种措施实现节能：

（1）对用户在使用中的节能意识进行培养，最终达到节能的目的。

（2）公共和商业建筑闲置时的服务暖气。

（3）在低负载时，可调整质量和数量以减少循环水泵的消耗。

（4）使用恒温阀充分利用房间的自然热量。

在我国，健康采暖已经实施了很长一段时间，其能耗与用户的利益无关。这是大型盆栽水稻系统的主要缺点，也是加热和节能期间比较大的一种障碍。必须测量家庭能耗并向用户收费。这是适应社会主义市场经济要求的重要改革，是供热企业改变经营机制的重要措施，是促进节能建设的根本措施。

2. 大力促进环境保护

在中国，煤炭是用于取暖和发电的一次能源，所占比例最高，以煤炭为主要能源会造成严重的空气污染。现阶段，二氧化碳的排放量非常大，由其引起的环境问题也日益严重。中国的能源行业在未来 20 年将面临许多挑战。在中国实施计量供暖对中国，甚至对保护全球环境都具有重要而深远的意义。

3. 促进供热行业总体水平的提高

随着市场经济的进一步发展，政府和用户以及供热公司原有的关系发生了一系列改变。计划经济时代，政府直接负责供热公司，最终的福利归用户。同时，供热公司有效落实福利。当水温低时，热水热交换器出口处的制冷剂直接从冷凝器的入口到出口，冷凝器被停用，仅热水热交换器用于处理冷凝水。在市场经济中，用户是热消费者，供暖公司是供热商，而政府则是监督以及管理的责任人，以往的旧征收制度不利于各方面发展。政府、用户和供热公司之间的关系只有在根据卡路里测量系统对单个供暖系统收费后才能理顺。

（二）供暖计量方法

对于现阶段计量技术的发展来说，其能够非常准确地计量热量。然而对于供暖系统的发展来说，则需要注重技术以及经济的发展，不需要有比较高的精度，只需要计量系统能够在符合精度的过程中提高自身的稳定性，与国家技术的发展相当即可。由于制冷剂在水冷热交换器的后半部分冷凝成过冷液体并形成液体存储现象，因此系统未配备制冷剂平衡装置作为液体接收器，制冷剂的量略有不足，系统的能效水平尚未得到充分利用。

现阶段欧盟国家选择热量计量的策略建设供暖工程，不同的方案特征不同，最终的成本效益也是存在一定差异的，具体策略如下。

策略 1：在楼栋间装置热量表：在热力入口位置安装热量表，对楼栋的热耗进行计量，根据面积进行平均，属于每户最终的热耗量。

策略 2：装置热水以及楼栋两种热量表：在热力入口位置安装热量表，对整栋楼的热耗进行计量，之后，需要在热水表计量的作用下对每户的热量耗损进行再次分配。

策略 3：安装热分配表和楼栋热量表：在热力入口位置安装热量表，用来控制整个楼的总体热耗，同时，在每户中安装散热器散热量，通过蒸发式实现再次的热量分配。

策略 4：安装用户的热量表和楼栋热表：在热力人口位置安装热量表，用来控制整栋楼的总体热耗，之后，在热量表的作用下计量每户的热能。

虽然每种方案都能计量用户耗热，但准确性、易用性和经济性却存在一定差异。计量准确度由高到低排序应是：策略 4、策略 3（电子式）、策略 3（蒸发式）、策略 2、策略 1，而所需费用由高到低排序则恰恰相反。

热计量方法的选择是推广计量供暖技术急需解决的问题。如何根据我国的实际情况，选择技术可靠、经济合理的热计量方法，是关系到计量供暖能否良性发展的主要环节。

当前测量中国用户热量分布的方法是在建筑物（或热交换机房）的热量输入处安装一个热量表，以测量总热量，然后确定使用每个独立的记账用户通过家庭安装的测量和记录设备的热量与总热量之比，然后计算用户的共享热量以实现家庭热量测量。近几年来，供暖计量技术发展很快，用户热分摊的方法较多，有的尚在试验当中。

1. 散热器的热分布方法

对于散热器的热分布方法来说，一般是在不同类型以及散热器改造之后的加热系统当中进行应用，尤其是现有加热系统的热测量转换。循环加热系统与循环水泵一起工作，循环水在水冷热交换器和热水储罐之间循环，水不断吸收由水冷却的热交换器释放的热量。制冷剂凝结到热水箱中，出水温度达到设定温度。在按家庭划分的水平系统中，此方法不适用于地板采暖系统。散热器热量分布测量方法仅分配计算热量；调节内部温度需要安装散热器恒温控制阀。

散热器热量表的方法是使用散热器热量表测量的每组散热器的散热量之间的比例，以分配给建筑物的总热量，存在三种类型的热分布表：蒸发型，电子型和电子远程传输型。最后两个是未来的发展趋势。在选择这一方法开展工作的时候，需要预先通过散热器以及热量分布仪热耦对系数进行校正。我国具有非常多的散热器类型，但还比较缺乏校正系数检测的经验，需要加强研究力度。

散热器盖在热量分布中产生的影响的问题，其实，不只属于散热器的计量器方法面临的问题，其他热量分配方法，例如，该方法为了共享流量温度，共享开关时间区域的方法也面临相同的问题。

2. 流动温度法

流动温度法适用于蛙跳式单管立式加热系统和单立管，立式立管共享的家用循环加热系统。该方法仅分配用于计算的热量，并且需要一个附加的调节装置来调节内部温度。机组系统配置基于以上对各种形式的系统结构，加热方式、热交换器的选择以及热水储罐的选择进行了分析和研究，对系统进行了相应的改进。当前系统可以在五种不同的模式下运行，并在一定程度上自动调节所需的制冷剂量，克服了常规系统中存在的各种问题，并使系统以稳定、平衡和高效的方式工作。

就流量温度法来说，这是在流量比固定的基础上应用的。换言之，单管立式跳跃加热系统，每根立管与主立管的流量比基本不变；对于在房屋入口处带有横管的共享垂直管循环加热系统，每个房屋和横管加热系统的流量之和与普通电梯的流量之和实际上是不变的。然后，通过将先前测得的流速系数与每个旁路三通前后的温差相结合，共享建筑物的总热量。由于这一方法的应用是在流量比不发生变化基础上进行的，因此，需要重视提前测量的一些流量系数。不只需要选择小型的超声波类型的流量计，同时，必须注重正确的安装和使用。

3. 开关时间区域方法

开关时间区域方法适用于共享管道和家庭循环供热系统。该方法具有同时进行热量分布和室温调节的功能，也就是说，每个房间的室温都可以整体调节，而不需要单独调节室温。

开关时间区域方法基于每个家庭的供暖系统的供水时间，并对建筑物整体的供热量进行共同享用。一般来说，将这一方法应用在家用系列的系统当中，也可用于卧式单管系统和地板采暖系统。选择这种分配方式时，必须格外注重选择散热设备以及负荷的设计。完成散热的设备容量切不可发生任何变化，在房屋间不会出现显著的水力不平衡问题，热化学反应的热存储是指利用可逆化学反应的组合热量来存储热能。也就是说，化学反应用于将未临时使用或不能直接使用的废热转换成化学能进行收集和存储，必要时可以将反应逆转以释放存储的能量，将化学能转化为热能。例如，十水硫酸钠 $Na_2SO_4 \cdot 10H_2O$ 是最先用于蓄热的化学物质。散热结束时不能调节环境温度，以免改变电路的电阻内部，对热量分配的合理性造成影响。

4. 户用热量表和楼栋热量表组成热量表法

在家庭类型的供暖回路当中，对家用热量表进行安装，可以有效计量家庭供暖的消耗量。该方法可以应用在校正房屋位置的问题上，也能够应用在独立的供暖系统当中，然而需要注意的是，切不可在传统垂直的系统当中进行应用。

总而言之，我国现有供热计量方法的基本原理与欧盟的供热计量程序是相同的。不同的测量方法可能具有不同的结果，甚至同一方法也可能具有不同的测量结果。这些问题表明，我们的热量测量技术设备的可靠性还有很多工作需要研究和执行。随着技术的发展和热量测量项目的普及，将会有新的热量测量方法。在工程实践中进一步改进之后，国家和行业鼓励这些技术创新，以对它们进行补充和修订。

（三）热计量方法使用的原则分析

热计量方法有以下三个原则。第一，在选择方法期间，必须注重以人为本的原则，在此基础上，测热系统的需要和用户需求之间相满足，为用户提供更多的便利。当局部平板辐射冷却仅用于高冷却负荷的区域或建筑物时，在连续运行阶段以及低冷却负荷的区域或建筑物中很容易发生冷凝。冷却或相对干燥的空气，只有在中间时才能正常工作。第二，不管是技术原理类型的设备还是测量系统都需要和精度要求之间相满足，同时，测量系统需要具备操作的稳定性以及可靠性。第三，计量经济原理所获得的收益远远比计量投资大得多。换言之，使用热量的人员的成本需要比热量测量投资大。

热量测量的方法应基于用户社会的发展以及整体收入。

通过什么方法对各种类型的测量方法收入以及测量投资进行确定是现阶段选择测量方法的基础。热源越高，浓度越高，温度越低，溶液得以再生；浓度低的溶液充分利用了热源的热能，溶液再生的热能主要是城市热网、热泵、燃气热电联产的预热，太阳能等行业来自废热，盲目追求热量测量的绝对准确性和公平性是不合适的，应是根据上述原理在市场机制下选择一种合理的测量方法。

二、热计量仪表及温控设备

有多种测量加热系统中热量的方法，而不同的测量方法和模式决定了使用不同的测量设备和仪器。

（一）供暖计量原理

分户热量计量按计量原理一般分为以下三种：

（1）热量表测量热用户从供暖系统中取用的热量（J），即：

$$Q=c\int G(t_g-t_h)\,dt \tag{2-1}$$

式中：c——热水比热容，c=4.187kJ/(kg·℃)；

G——热水的质量流量（kg/s）；

t_g——供水温度（℃）；

t_h——回水温度（℃）；

t——计量仪表的采样周期（s）。

（2）测量散热设备放出的热量（J），即：

$$Q=F\int K(t_p-t_n)\,dt/(\beta_1\beta_2\beta_3) \tag{2-2}$$

式中：F——散热器的散热面积（m^2）；

K——散热器的传热系数 [W/（m^2·℃）]；

t_p——散热器内热煤的平均温度（℃），$t_p=\frac{t_R+t_h}{2}$；

t_n——室内供暖计算温度（℃）；

$\beta_1\beta_2\beta_3$——与散热器使用条件有关的系数；

t——计量仪表的采样周期（s）。

（3）测量热用户的供暖负荷（J），即：

$$Q=q_vV\int(t_n-t_w)\,dt \tag{2-3}$$

式中：q_v——建筑物的体积供暖热指标 [W/（m^3·℃）]；

V——建筑物的体积（m^3）；

t_n——实测的建筑物室内温度（℃）；

t_w——实测的建筑物室外温度（℃）；

t——计量仪表的采样周期（s）。

（二）热量计量仪表

热量的计量仪表按计量原理不同可分为两大类，一类是热量表，另一类是热分配表。

1. 热量计进行卡路里测量的初步计算

将用作结算基础的测量仪器称为热量计。热量表包括一个热水流量计、一对温度传感器和一个累加器。温度传感器采用热敏电阻或钳电阻，积算仪均配有微处理器，用户可直接观察到使用的热量和供回水温度。有的智能化热量表除可直接观察到使用的热量和供回水温度外，还具有可直接读取热费和进行锁定等功能。热量表电源有直流电池和直接接交流电源两种。

结合流量传感器的实际形状，可将热量表划分成机械类型和超声波类型以及电磁类型的热量表。其中，机械式的热量表刚开始的时候投资力度比较小，然而流量传感器针对轴承提出的要求比较高，以避免由于磨损引起的大误差而导致长期运行；水质要求比较高，避免流量计旋转部件出现阻塞问题，不利于仪器正常工作。处于正常状态的超声波的热量计在刚开始的时候需要比较大的投资。流量测量精度高，压力损失小，不易堵塞。但是，流量计壁的腐蚀，在水中含有的杂质总量和管道的振动会对流量计精度产生直接影响。热量表必须使用比较长和比较直的管道。最后一种电磁式的热量表投资力度是最大的，然而这一类型的热量表所测量的精度则是最高的，产生的压力损失较小。实际除湿系统中使用的设备是绝热塔式除湿机。从包装上方喷洒溶液，空气从包装下方进入，质量和热传递发生在两相界面。这一类型的流量计必须通过外部电源开展工作，同时，需要做到水平安装，必须在长且直的管道，安装仪器，否则将不利于后期维护工作的开展。

2. 热量分配表可以与热量表结合使用

以测量散热器散发到室内的热量。只要将热量分布图安装在所有居民的散热器上，再结合建筑物入口处热量表的总热量数据，便可以使所有散热器获得散热，它可以实现建筑物的供暖并提供生活热水。补偿单独使用时太阳能和热泵技术使用中的不足之处，具有结构紧凑、形式多样、运行安全可靠、节能效果明显、使用寿命长等特点。同时，太阳能辅助热泵技术能够实现与建筑的一体化设计，极具开发和应用潜力。

3. 电子热量分配表

这种类型的热分布表工作是在蒸发热分布测量仪器基础上工作的，工作人员必须对散热器内外两种温度进行同时测量，通过两者温差对散热器本身的散热量进行确定。该仪器存储数据的功能非常好，能够把不同散热器组中的温度数据传输到外部存储器。这种类型的热量分配表测量方便、准确，但价格却高于蒸发型热量分配表。

（三）温控设备

目前，在供暖系统中，散热器温控阀是用户对供暖系统进行计量的温控装置，主要在恒温控制器和流量调节阀的作用下进行。

（1）对于恒温控制器来说，核心组件属于传感器单元，也就是温度套件。根据恒温器的位置，恒温器有两种类型：内置恒温器和外部（远程）恒温器，并且温度设置设备也可以内置和远程，可以根据显示的值进行设置，温度自动控制包装中装有对温度敏感的介质，该介质可以检测环境温度。随着环境温度的升高，温度敏感介质会吸收热量并膨胀，从而关闭阀的开度，从而减少流入散热器的水量，减少散热量，进而控制环境温度。当环境度下降时，温度敏感介质释放热量并收缩，并且阀芯被弹簧推回以增加阀的开度，从而增加流经散热器的水量并恢复环境温度。温度控制阀的设置可以手动调节。温度控制阀将根据既定要求自动控制和调节散热器的热水流量。

按照温包中所充的工作介质的不同，可以把温包分成蒸气压力式、气液体压力式和固体膨胀式。

一是蒸气压力式。在金属恒温器中低沸点的液体比较多，剩余的一些空间主要是从液体饱和蒸汽中得来的。如果环境温度逐渐升高的话，那么液体就会蒸发形成蒸汽，使波纹管得以关闭，减少流入散热器的水量；当室温降低时，其作用相反，部分蒸汽凝结为液体，波纹管被弹簧推回而使阀门开度变大，增加流经散热器的水量，提升室温。

二是液体膨胀式。温度包装中装有比热容小、导热系数高和黏度低的液体。温度控制工作随着液体的热膨胀和收缩而完成。工作介质经常使用具有高膨胀系数的液体，例如，甲醇、甲苯和甘油。由于其挥发性较高，因此，对温度包装的密封要求更高。

三是固体膨胀式。根据热膨胀和收缩的原理，温度包装中装有某种凝胶状固体（例如石蜡），以完成温度控制工作。通常，为确保介质内温度均匀且对温度敏感，将铜粉与石蜡混合。

（2）流量调节阀。散热器的阀杆为密封活塞的形式，该活塞在恒温器的作用下线性移动，从而驱动渔线轮更换阀门开度。对于流量调节阀来说，调节以及密封方面的性能比较好，同时，还可以在长时间地应用中具备一定的可靠性。

（四）散热器温控阀的功能

温度控制和测量是不可分割的。将散热器的温度控制阀在加热系统当中进行安装，对于用户来说，能够按照环境温度所提出的要求对环境温度进行调整和设置。这就保证了每个房间环境温度的恒定，避免了单管系统的上升水量和上下环境温度的不平衡、不平等问题。下面几点不但能够促进室内热环境舒适度的提高，同时，还能够达到节能的目的。

（1）恒温控制通常选择加热设备的能力是根据冬天对室外温度进行计量，符合室内温度所需，然而室外温度会出现一定的波动，发生一定的改变，同时，热量消耗也会随波动而发生变化，在一天中的不同时间，在一个采暖季节的每一天，热量消耗都不同，中午或初冷时热量消耗会减少。如果不能及时控制加热设备的输出，则会浪费能量。因此，可以通过气候变化动态调整输出，并通过环境温度的有效控制对能源进行节省，与此同时，失调之后的消除水平以及垂直温度能够降低能量的浪费。

（2）人类活动不受日光约束、烹饪电器和其他类型的热量称为供暖自由热，由于人体散热引起的冷却负荷，由于设备和照明装置的散热引起的冷却负荷以及新鲜空气的冷却负荷，这部分热量在设计中并未充分考虑并且由于不确定性而进行的操作，仅作为安全因素考虑。在执行环境温度控制后，可以有效节省这部分能量。同时，还可以消除不同方向房间的温差，不仅提高了室内环境的舒适度，还节省了能源。

（3）操作模式在夜间和休息日控制办公楼和公共建筑，而无须满负荷供暖，还必须忽略居民用户以节省能源。就算房间不同，还是能够达到各种类型的温度控制：如果大众在客厅内集中的话，就能够降低卧室温度，促进室温提高。睡眠过程中，可以升高卧室温度和室温，降低设置等，可以使用散热器温度控制阀执行这些功能以实现节能。

三、计量供暖系统选择与应用

应根据中央供暖室的热量测量方法选择不同的供暖系统。使用建筑物的热量分配表和总热量表的测量方法时，必须使用垂直供暖系统。当用户使用热量表测量方法时，应使用普通的垂直管独立加热系统。

适用于热量测量的垂直内部加热系统必须满足控制和温度测量的要求，并在必要时增加阻塞措施。

具有共用垂直管道和独立房屋的独立供暖系统应集中配置每个房屋的公用给水和回水

提升管。从公用立管中，为每个房屋绘制单独的加热回路，并在支管中安装热量测量装置和截止阀。这种易于在家中测量的加热系统形式，可以解决供热和家庭测量的问题，也有助于解决传统立式双管和立式单管系统的热失衡问题，有利于实施变流量调节节能运行方案。该系统适用于新建的居民家庭计量供热系统，该系统在我国新建的居住建筑中基本采用，即新建的家庭计量供热系统。

（一）新建分户计量供暖系统户外形式

家用热量测量加热系统的共同点是在室外楼梯间安装一个共同的电梯。为了满足法规的要求，普通电梯必须为双控制类型。每个炉床与普通电梯分开驱动，在室内使用水平加热系统，每个炉床形成独立的循环回路。供、回水共用立管对每个户内供暖系统设有一个热力入口，在每一户管路的起止点安装锁闭阀，在起止点其中之一处安装调节阀和流量计或热量表。

供热回水管的水温低于供水管的水温，回水管中装有流量传感器的环境温度也较低、这有利于延长电池寿命并改变仪器的工作条件。建议热量表的流阻小，而较低的重力压力也较小。因此，对于在相同条件下的住宅热量测量系统，它应该是下一代双管道系统的首选。

一般来说，建筑物单元内对供回水立管进行设置，不同单元本身的供回水干管不管是在室内还是在室外的管沟当中都可以设置。干管选择的是同程式或者是异程式的方式。在分户式的供暖体系内，一般选择的是不残留类型的砂铸铁散热器，在未投入使用系统之前需要彻底地冲洗，同时，必须对过滤器进行安装。

（二）新建分户的计量供暖体系的户内形式分析

1. 和传统的选择的水平式的系统之间存在差异

一是水平支路的长度只存在住户当中；二是可以实现分户计量以及供热量的有效调节；三是分开的卧式单管道系统比卧式双管道系统更方便组织管道，节省了管道，并具有良好的水力稳定性。当流量调节测量结果不理想时，很容易产生垂直不平衡。重力高度的计算应在设计过程中进行计算。注意充分减少对垂直不平衡的影响并对排气问题进行有效处理。当所选择的户型比较小，同时，又不能选择 *DN*15 规格的管子的话，那么水平管当中出现的流速就会比气泡浮升的速度小，此时可以对管道的坡度进行一定的调整，使得气、水实现逆向流动，通过散热器进行聚气和排气，避免气塞问题形成，一般来说，会在散热器上面对排气阀进行安装。这样，冷空气只需要去除工作区域中的余热和湿气，就可以降低冷却能力，达到节能效果，从而可以充分利用新鲜空气。许多研究发现，替代通风比常规混合通风更节能。

2. 分户水平双管系统

在该系统中每个住户内的各散热器之间进行并联，同时，将调节阀安装在散热器上方，有助于分室控制以及有效地调节。不通过墙壁进行热交换，因此，可以假定内墙和地板是孤立的。

在分户类型的双管水平体系中，在每个支环路上，各散热器的进水温度相同，不会出现分户水平单管系统的尾部散热器温度可能过低的问题，同时对单组散热器的调节比较方便。但是这一双管系统自身的流动阻力远远比分户水平的单管系统小，所以，系统自身的水力稳定性没有单管系统好。

第二节　气候补偿与节能

一、气候补偿器基本工作原理

当外部天气发生变化时，位于建筑物外部的温度传感器会将外部温度信息传输到天气补偿器。气候补偿器会根据外部空气的温度变化和内部提供的不同条件下的调节曲线获得合适的供水温度，并通过发出信号来控制电动调节阀的开度，进而调节热源的输出，使其满足供水温度。调节曲线的水温，以满足终端负载的需求，并实现系统供热需求的平衡。具有气候补偿功能的节能控制系统使用 PLPID 输出信号，根据外部环境的温度变化和实际检测到的进水 / 回水温度之间的偏差来控制阀门的开度以及用户设定的温度。在采暖系统中，气候补偿器可以根据室内的实际采暖需求有效地调节采暖系统的供热量，从而实现采暖节能，最大化节能并克服波动室外环境温度变化引起的室内温度变化，达到节能和舒适的目的。

二、气候补偿器系统组成

一般气候补偿器系统由四种主要产品组成。

（1）气候补偿型节能控制器由温度控制器和时间控制器组成。其功能是根据给水 / 回水温度和外界温度进行气候补偿温度控制和时间调整。

（2）温度传感器的功能是检测供水 / 回水温度（根据管道的实际直径，有两种类型的分组和浸入式）。

（3）室外温度补偿传感器的功能是检测室外温度。

（4）电动温度控制阀的功能用于调节液体和气体系统管道平均流量的模拟量。如果主要系统介质是水，并且泵以可变频率运行，或者介质是蒸汽，则该阀通常使用双向阀体；如果主要的系统介质是水，并且泵以工业频率运行，则建议使用三通阀体以避免发生损坏，水泵的工作条件可以达到节电的目的。

三、气候补偿器适用范围

气候补偿器通常用于供暖系统的供热站，或使用锅炉直接供热的供热系统，是局部调节的有力手段。气候补偿器既可以应用于直接加热系统，也可以应用于间接加热系统，但是在不同的系统中其应用有所不同。

（一）直接供暖系统

当温度传感器检测到供水温度的值在允许的波动范围内时，气候补偿器会控制电动调节阀使其不工作；当供水温度的值大于计算的允许温度波动的上限时，气候补偿器控制电动调节阀增加开度并增加流回供水的水流量降低系统供水温度；反之亦然。

（二）间接供暖系统

在间接加热系统中，气候补偿器通过控制流向热交换器一次侧的水流量来控制用户侧水的温度。当温度传感器检测到用户侧供水温度在允许的波动范围内时，气候补偿器控制电动调节阀使其不工作；当用户提供的供水温度值大于计算允许温度波动的上限时，气候补偿器则控制电动调节阀以增加开度并增加供水量。

旁路管线减少了进入热交换器的一次侧供水量，从而减少热交换量，降低了用户侧供水的温度，反之亦然。

四、气候补偿器系统特点

由于气候补偿器系统的组成和其调节特性，所以气候补偿系统有其自身的特点。

（1）控制器可以读取当前的当前给水 / 回水温度，室外环境温度和控制器的曲线编号，还可以配置给水 / 回水温度和实际的开度。

（2）日期和时间显示，每日和每周程序设置，多个可编程时间段设置，手动开关控制，大屏幕 LCD 显示，数字输入计时器。

（3）自动工作模式：分时段启动工作模式，期间温度设置将自动更改。

（4）手动工作模式：按时间段设置的数据无效，当前设置温度连续运行。

（5）记忆功能，掉电后设置的数据不会丢失，并会保留一段时间（如 72h）。

（6）低温保护，防冻功能。

（7）控制加热温度可提高舒适度，避免不必要的能耗，并具有显著的节能效果。

第三节　供暖系统节能改造与凝结水回收利用

一、供暖系统节能改造

（一）既有供暖系统分户热计量改造原则

原始加热系统的翻新通常是指将传统的垂直单管下降系统改造成能够测量和填充热量的加热系统。家用电表加热系统具有调节功能。选择热量计量改革计划的原则如下。

1. 可靠的技术

热测量系统必须具有一定的运行可靠性和稳定性，热测量装置必须满足一定的精度要求并具有一定的使用寿命，以尽可能地减少设备的维护量。

2. 以人为本

最大限度地减少用户的不适感，同时，必须满足用户的加热需求。

3. 经济效益

在使用年限内，必须保证家庭计量后的收入大于计量投资，即用户通过家庭计量节省的热量大于用户的投资热量（测量中的热量）。

4. 环境效益

在生产过程中，通过家庭测量节省的能源和减少的环境污染应与政府投资相适应。

5. 社会福利

根据社会经济发展水平和供暖用户收入水平选择供热计量方法，不能超过当前供暖用户和社会的承受能力，即不能快速获利。

在一般家庭的热量测量环境中，如何根据经济效益、环境效益和社会效益选择热量测量方法是当前的难题。有必要对市场进行宏观调控，而不是盲目地、不切实际地追求绝对的准确性和公平性，超越社会和热用户的经济承受能力，应该在宏观控制下，利用市场机制来合理选择热计量方法。

（二）室内供暖系统分户热计量改造方案

将传统的单管垂直下流系统更改为单管垂直交叉加热系统，该系统包括在散热器的水平分支之间增加一个横管，并在其中增加一个双向温度控制阀。在横管中安装了一个三通温度控制阀，以控制通过散热器的流量。当用户的内部负载发生变化时，可以自动调节散热器的热水流量，以满足用户设置的环境温度要求。可以将电子或蒸发式热量分布仪添加到每组散热器中，以实现热量测量。同时，在室外热量输入处设有总热量表以测量系统的总热量，然后根据室内显示器的比例，收取热量费用。

二、凝结水回收利用与节能

（一）凝结水回收利用的意义

在加热设备当中，当蒸汽出现冷凝之后，整个系统包括冷凝水加热设备、管道以及通过疏水阀和热阱返回热源的设备，冷凝水管道称为冷凝水回收系统。

在蒸汽供暖系统中，用蒸汽设备凝结水的回收是一项重要的节能、节水措施，可以达到如下效果：一是对锅炉的燃料进行节约。冷空气只需要去除工作区域中的余热和湿气，就可以降低冷却能力，达到节能效果，从而可以充分利用新鲜空气。许多研究发现，替代通风比常规混合通风更节能。凝结水的热量占到蒸汽热量的一部分，通过该热量的有效利用能够节约大量的燃料，和不回收的冷凝水系统之间比较，回收冷凝水的节能潜力远比热力体系当中存在的其他问题好得多。二是对工业用水进行节约。一般来说，冷凝水能够在锅炉给水当中进行直接应用，能够节省一定的工业用水。采用空气蒸发冷却的新鲜空气除湿装置进行热量回收。没有热回收的除湿设备逐步采用除湿方法，使用较高温度的稀释液处理高湿度的空气，并使用较低温度来冷却，就算冷凝水出现了被污染的现象，还是能够实施针对性的处理，经过有效处理之后，水还是能够被有效地应用。三是节约锅炉给水的处理成本。因为冷凝水能够在锅炉给水当中进行直接应用，所以，能够对水软化的处理费用进行节省。四是降低空气污染的程度。热量的回收能够降低锅炉燃料的消耗总量，减少燃料消耗还可以减少烟尘和二氧化硫的排放，从而减少对大气的污染。五是减轻噪声污染。如果蒸汽的疏水阀出口有更多大气排放的话，排放凝结水的过程中就会有噪声产生。对于凝结水的回收，疏水阀出口需要和回收管之间进行连接，排放声音不能向外部扩散，就能降低噪声的污染程度。六是改善现场环境。如果凝结水向大气中排放，由于凝结水会出现再次蒸发的现象，导致工厂当中形成热气弥漫的问题，污染环境，因此，不利于设备维修以及管理。回收凝结水之后，消除了因排放凝结水而产生的热气，生产环境可以得到显著改善。七是提高表观锅炉效率。回收凝结水，可提高锅炉的给水温度，因此，可提高表观锅炉效率。

综上所述，锅炉凝结水的回收与利用是一项非常重要的工作，具有很大的节能潜力。

（二）凝结水回收利用系统

根据冷凝水回收系统是否向大气开放，可将其分为开放式冷凝水回收系统和封闭式冷凝水回收系统。根据凝结水流量，凝结水回收系统可分为剩余压力回水、重力回水和压力回水三种。根据凝结水流量，可分为两类：单相流和两相流。单相流可分为两种类型：全管流和非全管流。完整的管道流量是指通过泵压力或势能差流过的冷凝水流形式，以压力流形式填充整个管道段。管道不完全流动是指冷凝物未充满整个管段并沿管道坡度向下流动的流动方法。

第四节 锅炉排污及烟气的回收利用与节能

一、锅炉排污

随着锅中的水继续蒸发并浓缩，剩余水中的杂质含量越来越多：为了减少锅炉水中的盐和碱含量，将炉渣和其他杂质排放到锅炉水中，并确保锅炉水的质量，锅炉排污可以减少锅炉水的含盐量，防止蒸汽和水的共萃取，并确保蒸汽质量，但是锅炉的热量损失和水分损失增加；锅炉排污可以从滚筒底部和下缸盖的底部排出积聚的污泥和碎屑，降低水位。

一般对于供暖锅炉，蒸发量不高于 20℃ /h 时：ρ_{PW}=5%，蒸发量不低于 20℃ /h 时：ρ_{PW}=2% ~ 5%；对于电站锅炉，我国规定的最大允许排污率：对于凝汽式电站ρ_{PW}=1%（除盐水）~ 2%（软化水）；对于热电站 ρ_{PW}=2%（除盐水）~ 5%（软化水）。运行中实际的排污率可以根据水质分析结果计算确定。如果排污不充分，将直接影响锅炉中水和蒸汽的质量。在严重的情况下，会同时排出蒸汽和水，导致热设备结垢，管道爆炸，等等，影响发电厂的运行安全；这方面的损失影响了蒸汽系统运行的经济性。

锅炉排污分为常规排污（也称为间歇排污或底部排污）和连续排污（也称为表面排污）。相应的装置是周期性吹扫装置和连续吹扫装置。定期排污是指定时地从水冷壁下集箱或锅筒底部排放锅水、沉积物及水渣；连续排污是指连续地从锅筒中在接近水表面处排放锅水、悬浮物及油脂等。定期排污 ρ_{PW}=0.1% ~ 0.5%，排污量小，间隔时间长，一般 8 ~ 12h 或更长时间排一次。所有锅炉均设有定期排污装置，不论蒸发量如何，进口锅炉都有设定的时间和连续的排放；蒸发量为 4t/h 及以下的家用蒸汽锅炉通常仅确定工期，而不进行连续排放。热水锅炉也必须冲洗，通常仅用于定期冲洗。由于连续排污控制方法不完善，目前中国大多数的加热蒸汽锅炉导致排污率高达 20% ~ 30%。连续排污和常规排污选项也不同。但是，供热锅炉下水道系统具有显著特征，即很少或根本不考虑下水道系统中工作流体和热量的循环利用，甚至有一些直接排空二次蒸汽和排放物。污水不断，直接排放到沟槽中不仅会导致大量的工作流体和热量损失，还会造成热污染和水污染。

二、锅炉排污原则及排污系统

从锅炉中排出的一些高温和高压的水，具有大量的热量，所以，锅炉的排污应该是在保证锅水品质和蒸汽质量的前提下，最大限度地减少锅炉排污量，以提高锅炉热量利用率，降低燃料成本。

有效配置排污装置，在第一时间对废水进行正确的处理，确保锅炉水的整体质量，能够避免形成水垢，保障蒸汽的质量，避免金属腐蚀问题的产生。保证锅炉安全经济运行是非常重要的。但在实际运行中，由于忽略排污的作用而引起锅炉受热面鼓包变形的情况时有发生。

（一）排污原则

1. 改善水质处理

以降低吹扫率的根本措施是改善水质处理，使锅炉给水的水质达到标准要求。锅炉的吹扫速度主要取决于给水处理的效果和锅炉的负荷。当锅炉负荷恒定时，水质处理越好，排污速度越低；相反，给水水质越差，吹扫速度就越高。一些加热锅炉具有高硬度和原水碱度，想要对锅炉工作的稳定性进行保障，提高安全性，就需要把锅炉当中排出的所有废水保持在 10% 以上。对于原水碱度很高的地区，若给水单纯采用钠型软化处理，锅炉排污率可高达 30% 以上，尽管经过扩容器和换热器回收了一部分热能，但仍然有大量的水被排掉，下面给出两种提高锅炉水质的方法。

（1）采用氢钠离子交换器并联水处理方式代替单纯钠型软化方式，降低给水碱度和含盐量。该方法行之有效，但工艺管理复杂、设备投资大、运行费用高，不适用于蒸发量低于 10℃ /h 的蒸汽锅炉。

（2）在单纯钠型软化前，增设石灰预处理装置实现软化、降碱和部分除盐。对于不能回收蒸汽冷凝水的锅炉房，可以在钠离子交换器的前面增加石灰预处理装置，这也是减少废水中碱度的一种方法。与氢、钠离子平行水处理法相比，这种方法工艺简单，设备投资少规模小，运行成本低，非常适合中小型锅炉。

2. 明确废水排放点的要点

采用合理正确的废水排放操作方法确定废水排放量和排放次数，根据锅炉的结构特性以及先前对内部结垢和炉渣积聚的检查，对锅炉鼓和每个扬程的废水进行分析。水处理实验室技术人员和熔炉技术人员应紧密合作，以进行准确及时的测试，选择适当的废水排放时间，并采取合理正确的废水排放操作方法，以实现废水排放效果更好。锅炉排污的质量取决于排污速度的大小和排污的形状，必须根据排污要求进行，以确保排出的水量和良好的排污效果。废水处理的主要要求：一是必须勤奋。即多次排污，尤其是底部排污在排放污泥的过程中运用，能在比较短的时间内实现多次排污，同时，比长时间的排污好得多。加强对盆栽水的检测，并遵守每 1 小时采样和分析的原理。二是减少行数。只要经常进行，就不可避免地会减少，也就是说，废水排放量应该越来越少。这不仅确保不影响加热，还将锅炉水的质量保持在标准范围中，并且不会产生很大的波动，有助于后期锅炉的维护。三是具有平衡性，也就是说，排污时间之间都没有出现较大的间隔，进而使得锅炉水质量一直在平衡的状态当中。四是低负荷对锅炉产生推动作用。这时，因为水循环并没有过高的速度，同时，水渣很容易出现下沉的现象，需要对其进行定期清除。因此，在保证系统正常运行的前提下，适当降低冷凝温度对于确保系统节能、增加压缩机冷却能力、降低能耗和提高运行经济性至关重要。但是，冷凝温度不能太低，否则会影响制冷剂的循环，反而会降低制冷能力。如果冷凝温度过高，不仅会降低冷却能力，增加功率消耗，还会提高压缩机的排气温度，增加润滑油的温度，降低黏度，从而影响润滑效果。因此，有必要确定合适的冷凝温度。

3. 使用自动废水控制和节能装置

手动废水只能用于控制废水量。对于连续废水，可以使用自动废水系统。监测测试的电导率，彻底控制锅炉水浓度，反映锅炉水的盐含量以及将锅炉水浓度控制在浓度的 5% 以内。因此，它们不仅可以防止因锅炉含盐量高而引起的锅炉受热面事故，还可以避免过多的排污并降低排污率。

（二）锅炉排污系统

锅炉排污系统包括用于连续排污和定期排污的管道和设备。要从连续废水中回收热量，常规的方法是加装一个连续排污扩容器（或称膨胀器）。排污水进入扩容器后，进行扩容减压，一部分排污水迅速变为蒸汽，余下的排污水则成为压力，接近大气压力的饱和热水（表压 0.02MPa 下温度为 104℃）。将这部分低压蒸汽送至热力除氧器，供除氧用；对饱和热水、正规的设计要配套水—水换热器，用来加热软化水，以将 104℃的热水冷却到 40 ～ 50℃后再排入地沟。

国家排放标准明确规定，废水的排放温度不得超过 40℃，锅炉的排放水温度很高，排放前必须采取冷却措施。在城市排水管网中将温度降低到 40℃以下。污水冷却池通常安装在室外，并与冷水混合冷却。当降温池设于室内时，降温池应密闭，并设有入孔和通向室外的排气管。当有连续排污时，降温池容积应保证冷热水充分混合。

对于定期排污的小型锅炉房，一般是将降温过程中产生的二次蒸汽导出池外，而只对温度为 100℃的水进行降温处理。在常规锅炉排污管道中，通常使用快速排污阀和串联截止阀。在放气口附近建立一个截止阀，然后是一个串联的快速放气阀以保护快速放气阀。

通常，每个锅炉必须配备一条普通的下水道管道，废水经外部冷却、水箱冷却后排入下水道。当多个锅炉共用主排污管时，必须在与主排污管相连的每个锅炉的主管中安装一个截止阀，并且必须在该阀的上游安装一个止回阀。锅炉排污阀及其管路不得螺纹连接；排污管道应降低弯头，以确保顺利排污。

三、锅炉排污水热量回收与利用系统

通过最大的努力对废水当中出现的热量进行回收，重点考虑排污系统节能改造的问题，做到综合考虑，选择可靠的技术手段以及科学的设备结构与安全运行的要求相符。

（一）回收闪蒸罐以及闪蒸蒸汽

锅炉排污期间，对于热量进行回收比较好的方式就是在排污当中对锅炉补充水进行加热。因为锅炉会受到工作压力的影响，温度比较高的话就能够对饱和水进行排放。比较多见的就是让高温高压的锅炉排污向膨胀罐当中进行排入。该系统增加了一个液体储存器，用于在热交换器散发热量后存储高压液态制冷剂，以防止系统中制冷剂过多时，制冷剂液体溢出冷凝器传热表面，热交换区域无法充分发挥作用，并且可以在工作条件变化时调节和补偿液态制冷剂的供应，以确保压缩机和制冷系统的正常运行。膨胀罐内，吹扫压力集聚降低，与此同时，对蒸汽进行释放。对于闪蒸蒸汽来说，能够直接进入锅炉的给水箱，和软化水之间混合在一起，促进锅炉的给水温度提高。此外，闪蒸蒸汽能够向热力除氧器当中融入，进而对热力除氧器当中的蒸汽耗量进行降低；当闪蒸压力非常高的时候，闪蒸蒸汽就能够向蒸汽管网当中进入。

（二）针对闪蒸后的剩余排污水热量进行回收并且进行安全排放

当将锅炉废水融入闪蒸罐中之后，并且实施减压工作，就会在闪蒸压力的作用下出现更多的饱和水。该类型的水温度属于 0.02MPa 压力的作用下达到饱和温度，当对其进行直接性的排放时，就会导致其热能损失，同时，高温度下对于污水的排放会导致环境热污染，使污水管道受到损坏。使用辐射取暖时的室温从下至上，随着高度的增加，温度逐渐降低，此温度曲线仅满足人们的生理需求，因为热源正在加热低温的热水，具有效率高、节能、运行成本低的优点。终端安装在地板下，节省了内部空间。因此，在突然蒸发后，我们必须继续回收剩余废水中的热量，并在安全排放之前将其温度降低到 40℃以下。

闪烁后，废水温度高，废水温度可降低到 40℃以下，达到标准排放量；来自蒸发器底部的剩余废水被引导至处理设备的伴热系统，然后根据交换后废水的温度将废水送至加热系统或排放到地下沟渠中的热量。

（三）排污水作为供暖系统补水

锅炉排污水经连续扩容器回收，锅炉排污水还可用作其他蒸发设备的给水。

蒸汽锅炉碱性排污水的 pH 值一般，其性能优于目前采用任何一种水处理形式的热水锅炉给水。采用这种方法省去了热水锅炉房的专职软化工、水处理设备和大量的盐耗、水耗及树脂补充消耗等。高温的碱性排污水进入供暖系统，实现了排污水热量的完全回收。

一般将锅炉排污水用于供暖系统，主要有以下几种形式。

（1）对于最初是封闭的强制循环的加热系统，可以在加热循环管中添加一组地面热交换器。

（2）普通锅炉当中对于废水量的排放比加热系统当中所出现的循环水量更多，锅炉废水当中出现的水质量比加热网络好得多，可以进行直接回收。但是，如果将加热网络系统直接引入加热系统中，则必须在污水管道中安装一个止回阀，以防止锅炉关闭时循环的热水进入锅炉。维护或蒸汽压力低，将损害锅炉的安全运行；循环热水管道中必须安装安全阀，以防止循环热水的压力对加热使用者造成损害；同时，必须安装水处理装置以防止循环水结垢。对于带有加热系统的加热蒸汽锅炉，也可以将连续排水管（通常为 *DN*20 或 *DN*25）直接插入加热系统的主管（供水管或回水管）中，或者使用废水传递到散热器，特别是在锅炉房和车间或附近的工作场所中，代替蒸汽或热水进行加热，使用废水进行加热更为方便。

（3）将锅炉的排污水引至蓄热池内的沉淀池，此蓄热池作为取暖系统的低位水箱，排污多余的水通过浴池使用后排放出去。值得注意的是，此时，来自加热系统的回水正在自动流动回水。在整个管道系统中，一些循环回路相对较近，回水快。有些管子很复杂，管子很长，阻力很大。因此，必须调节回水阀以平衡整个回水。

（四）排污水做低温热源驱动空调 / 热泵

在一些特殊场合，可以利用排污水做热泵的热源或者空调的驱动热源，从而使本来难以回收的低温余热得到重新利用。该技术目前还需要进一步加强研究，争取早日实现工业应用。

双作用固体吸附冷却器的热系数已达到约 1.2，它在中小型制冷场合具有较高的性价比，单个机组的制冷量小于 1000kW，它可以由工业废料（碎片）和太阳能产生的热量提供动力。采用绿色技术、从技术和经济上的比较表明，使用固体吸附式空调 / 热泵对发电厂锅炉余热回收进行节能改造是可行的。

与使用锅炉余热的其他方法相比，该系统具有以下突出特点。

（1）新型固体吸附冷却技术，结构简单，可靠性高，初期投资少，具有能耗低、无污染、节能环保的优点。

（2）它可以适应瞬时蒸汽压力，液位和膨胀容器负载的大变化，控制方便，安全可靠。

（3）将污水中的热量直接转化为空调的冷却，可以节省大量空调电力。在充电期间不使用空调而切换为热泵运行，直接加热发电厂的热系统、可以显著改善机组的热经济性。

（4）尽管固体吸附冷却系数略低于吸收系数，但是冷却产生的所有热量都被回收到发电厂的热力系统中，并且没有浪费，而且在设备、维护成本和能耗上的投入远远少于吸收。

四、排烟余热的回收利用

天然气供暖锅炉排烟温度较高，可以通过加装冷凝式换热器回收烟气潜热，降低排烟温度，提高锅炉效率。在国外，将回收了烟气中水蒸气汽化（潜）热的锅炉称为冷凝式锅炉。

有很多方法可以利用排烟中的余热。根据使用方式的不同，它可以分为系统内使用和系统外使用，系统中的残留热量用于加热天然气锅炉加热系统中的工作流体（例如，来自加热系统的回水）。系统外用途（例如，废热）用于加热锅炉加热系统外部的工作流体（例如，家用热水加热，废水加热系统，热水地板的辐射加热到低温，等等）。系统外使用情况存在很大差异。例如，生活热水的使用在不同场合有很大不同，而系统内的使用不会随系统外的变化而变化。

第五节　蓄热技术及其应用

一、蓄热技术

（一）显热蓄热的类型

对于敏感储热来说，在加热储热介质的时候，随着温度的升高，同时增加内部的能量，会达到热能的有效存储。在显热存储中具有非常简单的原理，在具体的应用中非常多见。根据中央供暖室的热量测量方法选择不同的供暖系统。使用建筑物的热量分配表和总热量表的测量方法时，必须使用垂直供暖系统。当用户使用热量表测量方法时，应使用普通的垂直管独立加热系统，具有共用垂直管道和独立房屋的独立供暖系统应集中配置每个房屋的公用给水和回水提升管。从公用立管中，为每个房屋绘制单独的加热回路，并在支管中安装热量测量装置和截止阀。选择显热储能的话，储热材料对热能进行释放的时候，材料就可以对温度进行改变。这一类型的储热方法具有单一性，同时成本比较低。然而，如果能够释放能量的话，温度就会发生一定改变，很难在具体的温度下确保能量得到有效的释放，从而实现温度的有效控制，该类型的材料所具备的储能密度非常低，导致设备规模比较大，所以，并没有发挥更大的价值。

在显热存储中，应用比较多的就是水、蒸气、沙子以及石头。对于敏感性的热量的存储来说，一般是在低温下实现存储，一般将液态水以及岩石作为存储材料。散热器热量表的方法是使用散热器热量表测量的每组散热器的散热量之间的比例，以分配给建筑物的总热量，从显热存储工艺中形成的温度非常低，主要是在加热过程中应用。温度包装中装有比热容小、导热系数高和黏度低的液体。温度控制工作随着液体的热膨胀和收缩而完成。工作介质经常使用具有高膨胀系数的液体，这是由于会向机械能转化，电能以及其他能量的效率都很低，同时备受热力学的影响。

在显热储能的体系当中，规模非常小，同时也是比较分散的，很难影响到环境。很多小型的系统对于绝缘热水箱的应用，并且在机房当中进行放置。对于科学系统的设计需要完全区别于饮用水的水源。想要让蓄热器的体积更大，能够提高储热的密度，就需要比较高的储热介质。运用比较多的储热介质是水和石头。石头的密度仅比水大 2.5 ~ 3.5 倍，因此水的储热密度比石头的大，石头的优点是它们没有像水一样的渗漏和腐蚀问题。石床通常与太阳能的空气加热体系有效结合。对于石床来说，其不只属于蓄热器，同时还属于热交换器。如果必须在高温下对热能进行存储的话，气候补偿器通常用于供暖系统的供热站，或使用锅炉直接供热的供热系统，是局部调节的有力手段。气候补偿器既可以应用于直接加热系统，也可以应用于间接加热系统，但是在不同的系统中其应用有所不同。由于高压容器的成本高，因此不适合使用水作为储热介质。根据温度水平，诸如，石头或无机氧化物的材料被用作储热介质。

（二）潜热蓄热

当物质从固态向液态发生改变，如果在气态升华的话，就会出现变热吸收的现象，逆过程的时候，相变热属于潜热，会把已经释放之后的基本原理用在加热过程中并且被融化。这一材料具有比较高的能量密度，同时在装置上也是非常简单的，使用比较方便。此外，优势也是非常明显的，也就是这一材料能够在存储相变能量期间保持比较稳定的温度，一般在系统温度的控制中应用。选择固液相变的潜热蓄热介质将其作为相变的材料使用：当温度传感器检测到供水温度的值在允许的波动范围内时，气候补偿器控制电动调节阀使其不工作；当供水温度的值大于计算允许温度波动的上限时，气候补偿器控制。电动调节阀增加开度并增加流回供水的水流量系统降低系统供水温度，反之亦然。能够在反转相位来释放热量。与显热存储系统相比，此方法具有很大的优势，因为它可以在必要的恒定温度下获得热能。另外，高能量流和高潜力也是潜热存储系统的潜在优点。

尽管伴随液体或固体气体转化的相变潜热要比固体液体转化过程中的潜热大得多，但液体或固体气体转化过程中的体积变化非常大。目前，实际应用价值仅在于固液相变储热。与显热储能相比，潜热储能的最大优势是体积储热密度大。要存储相同的热量，潜热存储设备的体积要比敏感的热存储设备小得多。

（三）热化学的蓄热分析

在化学反应的储能当中，选择可逆的化学反应热来存储能量。例如，正反应吸收热量并存储热量。以这种方式的能量存储密度大，并且具有在所需的恒定温度下与潜热存储系统相同的优势。在热化学的储能体系当中具有另外一个优势，即并不需要进行绝缘储能罐，然而，反应装置是比较复杂的，同时具有精确性，需要专业培训人员的精心维护，技术复杂且使用不便。因此，这种系统只适用于较大型的系统，目前仅在太阳能领域受到重视，离实际应用较远。

化学储热方法大致分为三类：化学反应储热、浓度差储热和化学结构变化储热。

热化学反应的热存储是指利用可逆化学反应的组合热量来存储热能。也就是说，化学反应用于将未临时使用或不能直接使用的废热转换成化学能加以收集和存储，必要时可以将反应逆转以释放存储的能量，将化学能转化为热能。例如，十水硫酸钠 Na_2SO_4-$10H_2O$ 是最先用于蓄热的化学物质。当加热时，它会溶解于组成的结晶水中，温度至 32.4℃以上时，则形成无水硫酸钠的浓溶液，并吸收大量的热；而当温度降至 32.4℃以下时，逆向反应发生，重新产生结晶体，同时放出同样的热。对于空调终端设备，仅提供一根供水管和一根回水管，夏天提供冷水，冬天提供热水。这种冷系统称为双重控制系统。对于空调终端设备，有两条供水管和两条回水管，其中一根用于供应冷水，另一根用于供应热水，这种冷热水系统称为四控制系统。四控空调热交换器通常具有两组冷热线圈。

通过浓度差进行储热是基于这样的原理：当浓度发生变化时，酸和碱盐溶液会产生热量以储热。通常，利用集热系统中的硫酸浓差的太阳能集热系统，利用太阳能来浓缩硫酸，用水稀释后，可获得的温度为 120 ~ 140℃。吸收式储热系统通常用于通过浓度差进行储热，储热技术的关键技术是储热材料的性能研究。理想的储热材料应满足以下条件：一是热力学的条件。只有在相变温度的作用下，加之，相变温度对于特定温度的有效控制。对于敏感的储热材料，材料的热容量大，对于潜热存储材料，相变潜热大，并且需要反应热进行反应。热效应大。该材料具有高导热率，这要求该材料具有液态或固态的高导热率，以便可以方便地存储和处置热量；性能稳定，可重复使用而无熔化和副反应。在冷态或热态或固态或液态时，材料的密度大，因此体积的能量密度大，相变过程中体积的变化小。体积膨胀率小，蒸汽压低，不易挥发。二是化学性质的条件。所产生的腐蚀性非常小，同时容器具有较好的相容性，没有任何毒，也不会燃烧，在熔化以及固化期间不会分层；就潜热材料而言，凝固的时候不会太冷，当熔化的话温度会发生比较小的改变。空气源热泵的三重供应系统必须在不同的季节运行，并且全年的热水负荷变化很大。空气源热泵的三重供气系统有多种运行模式。稳定性好，当是多组分时，各组分之间的结合必须牢固，不得有偏析、分解等变化，使用安全，不易燃、易爆或易氧化；符合绿色化学要求，无毒，无腐蚀，无污染。三是经济性条件。所需要的成本比较低，很容易得到。

具体的研发期间，难以寻找到能够符合条件的所有相变材料。所以，人们通常考虑具有合适的相变温度和大的相变热的储热材料，然后考虑各种其他因素的影响。

二、蒸汽蓄热器的工作原理与设计

（一）蒸汽蓄热器的工作原理

蒸汽蓄能器的工作原理是将水存储在压力容器中，将蒸汽传递给水以加热，即将热能传递给水（蓄能器补充热量），以便容器中水的温度、压力和水位均升高，并在一定压力下形成饱和水，然后在蓄能器容器中的压力、温度和水位降低的条件下释放热量，饱和水变成过热水、立即沸腾并自动蒸发，产生蒸汽。这是一种使用水作为热载体间接存储蒸汽的储热装置。容器中的水是用于蒸汽和水之间热交换的传热介质，也是存储热能的热载体。蒸汽蓄热器是蓄积蒸汽热量的压力容器，它是将储存的能由蒸汽携带进入供暖系统，其特点是容器内水的压力和温度都是变化的。常见的为卧式圆筒蓄热器，也有立式的，均可安装在室外，通常安装在锅炉房附近。

（二）蒸汽蓄热器的主要热工特性

对于已定的蓄热器热力系统，蓄热器的工作压力在设定的范围内发生变化。这个工作压力的上限称为蓄热器的充热压力（P_1），即充热过程终止时的最高压力，这个工作压力的下限称为蓄热器的放热压力（P_2），即放热终止时的最低压力。

一定容积的蒸汽蓄热器，当充热时的蒸汽参数一定时，它的蓄热量和蒸汽发生量取决于充热压力和放热压力的压差大小和放热压力值的高低。蓄热器的蓄热量是指蓄热器从充热压力降到放热压力状态时产生的蒸汽量或热量，单位为 kg 或 J（或 kJ）。

单位蓄热量（或比蓄热量）是蓄热器内 $1m^3$ 热介质（水）从完全放热到完全充热两种状态之间所蓄存的蒸汽量或热量，单位为 kg/m^3 或 J（或 kJ）$/m^3$。

充热速率是指蒸汽（热）流入蓄热器的速率，常以 kg/h（或 t/h）计量。

放热速率是指蒸汽（热）流出蓄热器的速率，常以 kg/h（或 t/h）计量。

蓄热器的充水系数是指蓄热器在充热终了时容器内水体积占容器总容积的百分率。

（三）针对蓄热器设计的问题进行计算

在蒸汽蓄热器当中，单位容积的蓄热量用 q 进行表示，用 V 代表蓄热器的容积，继而对蓄热器的蓄热能力进行计算。设计工程期间，需要按照供暖体系蒸汽所出现的问题，对单位内蓄热量以及蓄热器的体积进行计算，这对于蒸汽蓄热器的应用来说比较重要。在供暖系统当中，q 受到充热压力以及放热压力之间的压差影响。

1. 蓄热容量的计算在蒸汽蓄热器的蓄热容量和蒸汽锅炉间的联系

需要按照锅炉具体的蒸发量，分析并计算热用户以及供暖系统本身的负荷波动。按照蒸汽目的的差异，选择不同类型的方法进行计算。

一是积分曲线法。主要是按照热用户波动载荷的曲线对平均的载荷曲线进行计算，之后按照波动载荷曲线对这一阶段中的积分曲线平均的负荷曲线进行计算。

二是最大负载计算方法。最大负荷的计算方法是基于蒸汽峰值或瞬时不连续蒸汽消耗时间情况，蒸汽设备的蒸汽消耗量减去此时间内锅炉的蒸汽供应量。蒸汽以获取必要的热量存储。基本上没有平衡负载的效果，因为可以说锅炉的容量相对于蒸汽的大量瞬时消耗而言很小，因此这种类型的装料蓄热器的热量存储主要取决于最大蒸汽消耗，所需的存储热量 G［kg（蒸汽）］为：

$$G=(Q_{max}-Q_0)\frac{t}{60} \tag{2-4}$$

式中：Q_{max}——用汽设备的最大耗汽量（kg/h）；

Q_0——锅炉产汽量实测值（kg/h）；

t——充热时间（min）。

负荷强度的计算方法：当使用蒸汽再生器将热源从间歇蒸汽供应转换为连续蒸汽供应时，或者需要在一定时间段内存储来自蒸汽轮机的多余蒸汽时，蓄热器的蓄热量 G［kg（蒸汽）］主要取决于加热蒸汽的流量，计算公式为：

$$G=Q_1\frac{t}{60} \tag{2-5}$$

式中：Q_1——间断汽源的平均产汽量（kg/h）；

t——充热时间（min）。

必须根据具体情况，灵活应用上述几种计算方法。

2. 蒸汽蓄热器的容积计算

在获得所需的蓄热量之后，可以计算出蒸汽蓄热器的容积。

首先，根据设定的蓄能器和蓄热室的排放压力，请参考线图或计算以从设备获得饱和水的存储热量。蓄热器的体积计算如下：

$$V=\frac{G}{g_0\varphi} \tag{2-6}$$

式中：V——蒸汽蓄热器的容积（m^3）；

G——需要蓄热量 [kg（汽）]；

g_0——和水比蓄热量 [kg（汽）m^3]；

φ——充水系数，一般在 0.75 ~ 0.95 选取。

获得蓄热器的体积后，检查蓄热器标准系列的产品，以确定规格和型号，或进行非标产品设计。

在正常制造条件下，单个钢制蓄热器的体积不应超过 150 m^3。当所需的体积较大时，则可以使用多个小型蓄热器。尽管从热量损失的角度来看，大容量的蓄热器更具有优势，但超过一定体积限制的大型压力容器通常是由于其制造过程（例如，焊缝热处理等）以及所需的加工设备和高强度钢价格等因素导致制造成本急剧上升，因此，必须分析具体问题。

三、蒸汽蓄热器的应用

在工业生产和日常生活的各个领域有很多设备需要用蒸汽，这些蒸汽大都是由锅炉提供的。使用蒸汽的过程中设备对蒸汽的需求通常是不均衡的，并且有些波动很大，因此蒸汽供应锅炉上的负荷也会随之波动。这不仅会造成锅炉燃烧不稳定，降低运行热效率，而且增加了锅炉工人的劳动强度。采用蒸汽蓄热器可以完全改变这种状况，它不仅可以成倍或数倍提高现有供汽系统瞬间的供汽能力，而且可以保持供汽系统压力稳定在既定的工作范围内。它既是供汽系统的能量储存与放大器，又是供汽系统压力的稳定器，尤其是对间断供汽用户和对蒸汽供汽负荷波动过大的用户具有特殊的适应性。

即使在安装蒸汽蓄热器之后，通过提高生产或产品质量，使其广泛使用，通常也可以实现节能和经济效益。蒸汽再生器在欧洲、美国、日本和苏联已被视为重要的节能设备，并得到推广。特别是在日本，在 20 世纪 70 年代的石油危机之后，蒸汽再生器被广泛用于各种行业以节省能源，并且非常有效。蒸汽再生器是节省能源的重要设备之一。中国从 20 世纪 60 年代就开始进行研究，但是直到 20 世纪 80 年代才开始关注其技术的开发和应用。1984 年，中国还引进了日本全套的先进设计和制造技术。目前，在北京、上海、哈尔滨、南京、福州等地都设有带蒸汽蓄热器的制造商。根据调查，所有使用蒸汽再生器的家庭用户都取得了显著的经济效益。但是，这种先进的节能设备在中国的推广应用还很有限，主要原因是许多蒸汽加热装置对技术的了解还不够。

对于蒸汽蓄热器来说，一般应用在不同的场合当中。

供热系统，具有一定的热负荷，并且产生很大的波动，目的在于对蒸汽进行稳定，以此供应锅炉压力，在此基础上，促进蒸汽的整体质量以及锅炉热效率的提高。该问题一般在工业公司当中出现。因为这一过程具有热特性，同时热负荷发生一定的改变。如果失去储热装置的话，那么储热就会受到一定影响，进而使锅炉不能很好地燃烧，降低热效率，在对其进行安装和使用过程中，不管是采用串联还是并联，系统都存在各种各样的问题，采用复合结构的方式，在一定程度上可以缓解制冷剂不平衡的缺点。可以在热负荷较低时存储锅炉中多余的蒸发量，以补充最大负荷发生时锅炉蒸发不足的情况，从而使锅炉可以运行在稳定的工作条件下，财务上也能应对波动。为了实现节能目的，必须进行热充电。

在卷烟制造公司中，大多数生产过程都需要一定量的饱和蒸汽，它们具有不同的压力，例如，烟叶的发酵，卷烟包装的回潮，叶的保湿，烤丝，茎的膨胀，制糖室，纸浆室，冷冻站和热交换站，等等，一些生产设备不仅消耗大量蒸汽，而且间歇运行。例如，以卷烟厂丝生产线的真空镀膜机为例，在正常生产条件下，每单位每小时的蒸汽瞬时消耗量约为 5℃，且循环操作时间约为 0.5 小时。蒸汽供应的峰谷现象以及峰谷值的产生将不可避免地导致蒸汽供应的波动。如果在其他过程中使用的蒸汽设备也同时不规则地启动和停止，则蒸汽供应的波动会更大。这种严重的负载波动将对生产运营和生产管理产生许多不利影响。首先，不能保证生产会正常进行。其次，锅炉的运行条件不稳定，会导致蒸汽压力突然下降和上升。这不仅影响蒸汽的质量，而且直接影响香烟产品的质量。此外，不稳定的运行条件使不可能快速调节锅炉燃烧系统中空气和燃料的平衡。对于已经由微机控制的锅炉，很难充分发挥其功能，从而无法通过微机控制获得最佳的经济运行效果。最后，不稳定的运行条件导致锅炉的热效率降低，这增加了锅炉工人的工作强度和设备维护量，并有危害锅炉运行的危险。

使用蒸汽蓄热器不仅可以解决公司最大的蒸汽消耗并平衡负荷，而且可以提高蒸汽供应质量，从而确保工艺设备的正常运行，并且具有改善公司运营管理和生产效率的优势。实践表明，使用蒸汽再生器不仅可以解决卷烟生产企业中蒸汽供需之间的矛盾，而且具有可观的直接和间接经济效益。

（一）瞬时热量消耗大的加热系统

对于瞬时蒸汽消耗量较高的加热系统，可以使用小容量的锅炉和足够容量的蒸汽蓄热器，以节省初始投资并保证蒸汽供应。比如，在选择多级蒸汽喷射泵的时候，工作人员选择加热系统，一般选择比较小容量的锅炉，并且具有大热量存储的蒸汽，可满足即时大蒸汽消耗。机组系统配置基于以上对各种形式的系统结构、加热方式、热交换器的选择以及热水储罐的选择进行分析和研究，同时对系统进行了相应的改进。当前系统可以在五种不同的模式下运行，并在一定程度上自动调节所需的制冷剂量，克服常规系统中存在的各种问题，并使系统以稳定、平衡和高效的方式工作。

在酿造工业中，使用的主要蒸汽设备包括酿造车间糖化系统中的沸腾锅、糊化机、糖化锅、热水罐、洗瓶机和灭菌器。糖化的蒸汽装料波动很大；在沸腾锅中使用蒸汽时，需要更多蒸汽。煮沸完成后，蒸汽量减少，包装线的蒸汽负荷更稳定。

（二）供热系统间歇性加热，或供热波动较大

在蒸汽供应不连续或流量波动很大的加热系统中，安装蒸汽再生器后可以实现蒸汽的连续供应。比如，该问题一般是在炼钢转炉体系内进行应用，由于转炉生产中的残余热量是在炼钢过程中间歇产生的，所以，还是会有蒸汽产生。当在热网当中合并这一蒸汽源的话，那么热网蒸汽所给予的压力就会具有不稳定性，例如，在流入蒸汽蓄热器之后。加热网络将间歇蒸汽源转换为连续蒸汽的供应源。在太阳能的发电厂当中，需要结合白天下雨以及云层遮盖的环境影响，所以很难形成蒸汽。然而，这一时刻还是需要提供蒸汽的，蒸

汽蓄能器在其中可以存储一定量的蒸汽。这时，蒸汽继续提供给涡轮发电机组件以维持发电。

钢铁厂第二座炼钢转炉的熔化时间为36分钟，纯氧吹炼时间仅为13分钟，即每36分钟仅产生13分钟的蒸汽，蒸汽流量和压力波动范围大。为了将这种间歇性蒸汽供应转换为稳定连续的蒸汽源，以使用户感到舒适，并为转炉冶金厂的工业锅炉提供稳定的负载，可以安装蒸汽再生器以用于锅炉产生的蒸汽供应系统中间歇式转换器产生的余热。

（三）需要随时存储热能以供使用的地方

作为热力设备，蒸汽再生器可以存储多余的蒸汽，这些蒸汽在任何时候都暂时不可用。当热用户遇到正常的蒸汽供应中断时，可将其用于紧急蒸汽。在这种情况下，蓄热器可以随时在其容量限制内临时存储热能。同时，如果热用户需要的话，就能够随时进行提供。比如，当火力发电的时候，如果发电机组出现事故的话，备用涡轮发电机组需要紧急启动，但是即使是快速启动的锅炉也要花费15分钟才能达到完全蒸汽供应，从紧急情况开始如果安装了蒸汽蓄热器来存储定量的储备蒸汽，则此时可以将蒸汽供应到蒸汽涡轮发电机组以进行紧急操作，直到锅炉可以接收蒸汽为止。另一个例子是，在医院、旅馆和其他单位中，半夜使用的蒸汽量很小。例如，安装蒸汽再生器后，在白天的时候，能够对多余蒸汽进行有效的存储，用来在夜间进行应用，能够降低锅炉满载时的运行时间。

大众对于蓄热技术的研究已经有很长一段时间，并且得到了非常广泛的应用，还有如太阳能热储存、电力调峰、核电、太空、交通及武器装备等许多特殊场合的应用，且已日益成为受到人们重视的一种新兴技术。

第三章 热源节能技术与应用

第一节 锅炉节能技术

锅炉是最重要的热源设备，由“锅”和“炉”两部分组成。常规锅炉的“锅”是盛水的容器，“炉”是燃料燃烧的场所，二者以换热表面分开。“锅”中的水通过换热表面吸收“炉”中燃料燃烧释放的热量变成热水或蒸汽，以热水或蒸汽的形式向外供热。

锅炉设备节能包括提高“炉”中燃料的燃烧效率、提高换热面的换热效率以及提高为锅炉运行服务的辅助设备的效率等。提高燃料燃烧效率的方法主要是遵循燃烧规律，通过各种途径减少燃料燃烧过程中各种能量的损失；提高换热面的换热效率除要求换热面的设计合理外，主要是为了防止换热面“炉”侧积灰及“锅”侧结垢等。降低锅炉辅助设备如风机、水泵、除尘设备以及水处理设备等的运行能耗，也是锅炉节能的重要部分。

一、锅炉的基本构造

通常所说的“锅炉”，一般指的是锅炉本体。锅炉本体由锅筒（又称汽包）、集箱、受热面及其间的连接管道、燃烧设备、炉墙和构架等部件组成。锅炉的受热面包括水冷壁、对流管束、过热器、省煤器及空气预热器等，锅炉本体的主要部件及其作用如下。

（1）炉膛提供燃料燃烧及辐射受热面布置的空间，保证燃料燃尽并使出口烟气温度冷却到对流受热面能安全工作的数值。

（2）燃烧设备将燃料和燃烧所需的空气送入炉膛，使燃料及时着火并稳定燃烧。

（3）锅筒连接锅炉各受热面，组成水循环回路；实现汽、水分离，适应负荷变化。

（4）水冷壁吸收炉膛辐射热并保护炉墙。

（5）对流管束以对流方式吸收烟气热量。

（6）过热器将饱和蒸汽加热成过热蒸汽。

（7）省煤器吸收锅炉尾部烟气的热量加热给水，以降低排烟温度，节约燃料。

（8）空气预热器加热燃烧用的空气，改善炉内燃料的燃烧；降低排烟温度，提高锅炉效率。

锅炉运行还需要其他设备或机械的配合，这些配合锅炉本体工作的设备或机械统称为锅炉的辅助设备。锅炉的辅助设备通常包括送、引风设备，燃料供应及除灰渣设备，给水设备，水处理设备，烟气除尘、脱硫及脱硝设备，锅炉的辅助设备及其作用如下。

（1）送风设备将燃料燃烧所需要的空气送入燃烧设备。

（2）引风设备将燃烧产生的烟气引出燃烧设备。

（3）燃料供应设备储存和运输燃料。

（4）除灰渣设备从锅炉中除去灰渣并运走。

（5）给水设备向锅炉供应给水。

（6）水处理设备除去水中杂质，保证锅炉给水品质，避免汽锅及受热面内结垢及腐蚀。

（7）除尘、脱硫及脱硝设备除去锅炉烟气中的飞灰以及硫与氮的氧化物，减轻环境污染。

（8）监测仪表及自动控制设备监督、调节和控制锅炉的运行。

二、锅炉的工作过程

锅炉的工作过程可由三个同时进行的过程组成：燃料的燃烧过程、烟气向工质（水）的传热过程和工质的吸热过程。

（一）燃料的燃烧过程

在这个过程中，燃料中的化学能被释放出来并转化成为被烟气携带的热能。

输煤设备把煤送入锅炉的储煤斗。储煤斗中的煤靠自重经溜煤管进入炉前煤斗，再落到缓缓向前移动的链条炉排上，经过煤闸门进入燃烧室。送风机把燃料燃烧所需要的空气压入空气预热器，升温后再送入炉排下面的分段送风室。热风穿过炉排，与炉排上的煤层接触，发生强烈的燃烧反应，产生高温烟气。燃料被烧尽后残余的灰渣，随炉排移动进入灰渣斗，再由灰渣输送机排出，整个过程即被称为燃料的燃烧过程。

（二）烟气向工质（水）的传热过程

在这个过程中，烟气把所携带的热能通过锅炉的各种受热面传递给锅炉工质。

在炉膛中，高温烟气以辐射换热的方式，向辐射在燃烧室四周的水冷壁传递热量，而后高温烟气经炉膛出口掠过凝渣管，冲刷蒸汽过热器和锅炉管束，以对流换热的方式将热量传递给对流受热面内的工质。沿途温度逐渐降低的烟气进入尾部受热面，冲刷省煤器，以对流换热的方式，将部分热量传递给锅炉给水，冲刷空气预热器将热量传给燃料燃烧所需要的空气，再由除尘器除去其中的飞灰后，由引风机抽出，送入烟囱排往大气。

（三）工质的吸热过程

在这个过程中，工质吸收热量被加热到所期望的温度。以水为工质时，水吸收热量被加热成热水或蒸汽。

经过水处理的锅炉给水由给水泵加压，经过给水管进入省煤器，在省煤器中预热后进入上锅筒。上锅筒中的工质是处于饱和状态下的汽水混合物。位于低温区域的对流管束，受热较弱，汽水工质密度较大，工质往下流入下锅筒；位于烟气高温区的水冷壁和对流管束，因受热强烈，其内部汽水混合物的密度较小，向上流入上锅筒，因此形成了锅水的自然循环。在炉墙外设有不受热的下降管，将工质引入水冷壁的下集箱。上锅筒内装设有汽水分离设备，使汽水混合物分离并将蒸汽在上锅筒顶部引出，送入蒸汽过热器，再送至分汽缸。经分离设备分离出来的水继续参与锅内的水循环。

在锅炉工作过程中，锅炉本体设备和辅助设备及系统同时完成相互之间不可替代的任务。

三、锅炉损失及效率

（一）锅炉热平衡

锅炉的热平衡指的是燃料带入锅炉的热量与锅炉有效利用热和其各种损失之间的平衡。锅炉热平衡的目的是掌握锅炉输入热量的利用和损失情况，为锅炉节能技术的有效应用提供方向。

对应于 1kg 燃料（或 $1m^3$ 气体燃料），锅炉的热平衡方程为：

$$Q_r=Q_1+Q_2+Q_3+Q_4+Q_5+Q_6 \tag{3-1}$$

式中：Q_r——锅炉的输入热量（kJ/kg）；

Q_1——锅炉的有效利用热量（kJ/kg）；

Q_2——排烟损失热量（kJ/kg）；

Q_3——可燃气体不完全燃烧损失热量（kJ/kg）；

Q_4——固体不完全燃烧损失热量（kJ/kg）；

Q_5——锅炉散热损失热量（kJ/kg）；

Q_6——其他损失热量（kJ/kg）。

锅炉输入热量 Q_r 是指从锅炉范围以外输入锅炉的热量，不包括锅炉范围内循环的热量。锅炉有效利用热 Q_1 是指水和蒸汽流经各受热面时吸收的热量。

将上述方程式两边分别除以 Q_r，则可用各项热量占输入热量的百分数来表示热平衡，即：

$$q_1+q_2+q_3+q_4+q_5+q_6=100\% \tag{3-2}$$

式中：$q_1=\frac{Q_1}{Q_r}\times100\%$——锅炉有效利用热占输入锅炉热量的百分数（%）；

$q_2=\frac{Q_2}{Q_r}\times100\%$——排烟热损失（%）；

$q_3=\frac{Q_3}{Q_r}\times100\%$——可燃气体不完全燃烧热损失（%）；

$q_4=\frac{Q_4}{Q_r}\times100\%$——固体不完全燃烧热损失（%）；

$q_5=\frac{Q_5}{Q_r}\times100\%$——散热损失（%）；

$q_6=\frac{Q_6}{Q_r}\times100\%$——其他热损失（%）。

（二）锅炉热效率

锅炉热效率指的是锅炉的有效利用热占锅炉输入热量的百分比，即：

$$\eta=\frac{Q_1}{Q_r}\times100\% \tag{3-3}$$

锅炉热效率可通过两种方法确定。一种是由锅炉热效率的定义［式（3-3）］直接确定，这种确定锅炉热效率的方法称为正平衡法。用正平衡方法确定的锅炉效率称为正平衡效率。锅炉的热效率也可以利用反平衡的方法求出，即先求出锅炉的各项热损失，再用下式计算锅炉的热效率：

$$\eta=[100-(q_2+q_3+q_4+q_5+q_6)]\% \tag{3-4}$$

锅炉的正平衡试验简单易行。对于容量较小、效率偏低的工业锅炉（$\eta<80\%$），正

平衡法比较准确。与之相比，反平衡法则比较复杂，要对锅炉各项热损失进行全面的测定和分析。但反平衡法则可以找出提高锅炉效率的有效途径。

按式（3-3）和式（3-4）所确定的锅炉效率，没有扣除锅炉房自用汽和辅机设备耗用动力折算热量的效率，称为锅炉的毛效率。通常所说的锅炉效率均指毛效率。

当要进一步分析锅炉的经济性时，要用到锅炉的净效率 η_j，η_j 可按下式计算：

$$\eta_j=\eta-\ddot{A}\eta \tag{3-5}$$

式中：$\ddot{A}\eta$——与自用汽能及自用电能相当的锅炉效率降低值。

（三）锅炉节能技术

我国供热锅炉的制造与运行水平相对落后，供热锅炉在制造、现有设备改造及运行等方面均有节能潜力。由于锅炉不完善，送入锅炉的热量不能完全被利用，热损失是不可避免的。但是，良好的设计和运行管理，可使锅炉的热损失降到最小。通常所说的锅炉热损失包括排烟热损失、气体及固体不完全燃烧热损失、散热损失以及其他热损失等。

1. 锅炉热损失

（1）排烟热损失。锅炉排烟热损失是指由于锅炉排烟焓高于进入锅炉的空气焓而造成的损失。影响排烟热损失的主要因素是排烟温度和排烟体积。排烟温度越高，排烟热损失越大，所以应尽量降低排烟温度。但是如果排烟温度过低，传热温差过小，换热所需的金属受热面积将大大增加。因此，排烟温度过低在经济上是不合理的。另外，为了避免尾部受热面腐蚀，排烟温度也不能过低。影响排烟体积大小的因素有炉膛出口过量空气系数就、烟道各处的漏风量以及燃料所含的水分。为了减少排烟损失，应尽力减少炉墙及烟道各处的漏风。

（2）气体不完全燃烧热损失。气体不完全燃烧热损失是指烟气中残留的 CO、H_2、CH_4 等可燃气体成分未燃烧放热就随烟气离开锅炉而造成的热损失。气体不完全燃烧热损失应为烟气中各可燃气体体积与它们的体积发热量乘积的总和。影响气体不完全燃烧热损失的主要因素有：燃料的挥发分、炉膛过量空气系数、燃烧器结构和布置、炉膛温度和炉内空气动力工况等。

（3）固体不完全燃烧热损失。固体不完全燃烧热损失是指燃料中未燃烧或未燃尽碳所造成的热损失，也称为机械不完全燃烧热损失。燃烧方式不同，锅炉的固体不完全燃烧，热损失 q_4 也不同。影响 q_4 的主要因素有：燃料的性质、燃烧方式、炉膛结构及运行情况等。对于气体和液体燃料，在正常燃烧时可认为 q_4=0。

（4）散热损失。散热损失是指由于锅炉的围护结构及锅炉范围内各种管道、附件的温度高于环境温度，热量以对流或向外热辐射的方式散失于大气而造成的热量损失。散热损失的大小与锅炉外表面积的大小、外表面温度、炉墙结构、保温隔热性能及环境温度等有关。

（5）其他热损失。锅炉的其他热损失主要是指灰渣物理显热损失q_6^{hz}，是由于锅炉排出灰渣的温度一般都在600℃以上而造成的热损失。另外，在大容量锅炉中，由于某些部件（如尾部受热面的支撑梁等）要用水或空气冷却，而当水或空气所吸收的热量又不能送回锅炉系统应用时，就造成冷却热损失q_6^{lq}，故$q_6 = q_6^{hz} + q_6^{lq}$。

综上所述，锅炉节能一方面要通过改进设计、加强现有设备的改造，减少各种能量损失来完成，另一方面，也要通过运行调节提高锅炉效率来实现。

2. 锅炉设计与改造节能

（1）过量空气系数。由于燃烧技术的限制，送入锅炉的空气不可能与燃料完全混合，为了保证燃料在炉内尽可能燃烧完全，实际送入锅炉的空气量总是大于理论空气量。比理论空气量多出的这部分空气称为过量空气。

实际空气量与理论空气量的比值称为过量空气系数，用α表示，即：

$$\alpha=\frac{V}{V^0} \tag{3-6}$$

炉中的过量空气系数通常是指炉膛出口处的过量空气系数值α''_1。α''_1是影响锅炉燃烧工况及运行经济性的重要指标。α''_1偏小，炉内的不完全燃烧热损失增大；α''_1偏大，锅炉的排烟热损失就大。燃煤锅炉最佳的α''_1为1.2 ~ 1.3；燃油锅炉最佳的α''_1通常为1.05 ~ 1.10；燃气锅炉最佳的α''_1数值为1.03 ~ 1.10。锅炉设计与运行均涉及过量空气系数问题。

许多锅炉为微负压燃烧，即锅炉的炉膛、烟道等处均保持一定的负压。此时，外界空气将从炉膛、烟道的不严密处（如穿墙管、人孔、看火孔等）进入炉内，使锅炉的烟气量随着烟气流程一路增大。进入的空气量$\ddot{A}V$与理论空气量V^0的比值，称为漏风系数，以$\ddot{A}\alpha$表示，即：

$$\ddot{A}\alpha=\frac{\ddot{A}V}{V^0} \tag{3-7}$$

锅炉各烟道漏风系数的大小取决于负压的大小及烟道的结构形式，一般为0.01 ~ 0.10。当锅炉为正压燃烧时，烟道的漏风系数为零。锅炉的漏风量大则排烟热损失大。良好的设计及运行维护可以降低锅炉的漏风量。

（2）加装空气预热器。空气预热器是利用锅炉尾部烟气的热量加热空气的一种换热设备，是一种能有效地降低排烟温度和提高锅炉热效率的锅炉尾部受热面。

当锅炉给水采用热力除氧或锅炉房有相当数量的回水时，锅炉的水温度较高，这时省煤器的作用受到限制，即省煤器出口烟温较高，此时应设置空气预热器。利用空气预热器，可以有效地降低排烟温度，减少排烟热损失。另外，由于空气预热器提高了燃烧所需空气的温度，因而改善了燃料的着火和燃烧过程，可降低各项不完全燃烧损失，即可进一步提高锅炉热效率。

（3）炉拱。炉拱是炉膛下部炉排上方遮蔽炉排面的那部分平面隔墙或垂直炉墙的伸出部分。在链条炉中，炉拱主要起加快新燃料的引燃和促进炉膛内气体混合的作用。按炉拱在炉膛中的位置，炉拱可分为前拱、后拱，有时还有中拱。前拱是位于炉排前端的炉墙，起加快对新燃料引燃的作用，所以又称引燃拱。炉拱本身并不产生热量，它吸收来自火焰和高温烟气的辐射热，再辐射到新燃料上，使之升温、着火。

后拱是位于炉排后部的炉墙，能将炉排上方强烈燃烧区的高温烟气输送到前拱区，大幅度地增补其热量，提高其温度，从而有效地强化前拱区的辐射传热，加速引燃。后拱的这种引燃作用是通过前拱来完成的，因而也称为间接引燃。后拱也起直接引燃的作用，这主要是指在后拱输送高温烟气的同时，也将炽热的炭粒带到前部散落在新燃料层上，形成炽热的炭粒覆盖层进行导热加热。就后拱和前拱在引燃上的重要性而言，应该认为前拱是直接的、主要的，后拱则是间接的、辅助的。对于我国绝大多数煤种而言，后拱的这种辅助的引燃作用是不可缺少的。但是，如果没有前拱，新燃料的引燃一般是不可能的。此外，后拱还具有保温促燃的作用。后拱的存在将炉膛分为上下两半，阻止了烟气直接向上，从而提高了后拱区的炉温。对于无烟煤而言，因其挥发分低，固定碳含量较高，所以低而长的后拱不仅是引燃的需要，也是燃尽的需要。为了获得良好的配合，炉拱一般会组合使用。由于前拱和后拱的组合具有最佳的引燃和混合性能，我国目前的链条炉基本上都采用这种炉拱。拱形的设计与改造都是为了使前拱与后拱更好地配合，以便能改善燃烧，提高效率。

（4）配风装置。统仓送风不能满足燃料燃烧的要求，必须采取分区段送风，在炉膛内合理布置炉拱及二次风等措施，改善供风、强化炉内燃烧。

为了消除统仓送风所造成的空气供需不平衡，可把链条炉排下的统仓风室沿炉排长度方向分成几段，做成几个独立的小风室，每个小风室按该区段所需的空气量分别调节，这种送风方式称为分段送风，也称分区送风。分区送风可以大大改善统仓送风的空气供需不平衡状况，从而提高锅炉热效率。分段送风的各个小风室，一般都从两侧进风，使炉排下炉宽方向送风均匀。只有 D 型布置的锅炉，炉排一侧是对流受热面，当不能双侧送风时，才采用单侧进风。分段送风的段数越多，进风量的分配越有利。但分段太多会使结构复杂，一般根据容量不同或炉排长度不同，可分成 4 ~ 9 段。

二次风是指从火床上方送入炉膛的一股强烈气流（习惯上将从炉排下方送入的空气称

为一次风）。二次风的主要作用是扰乱炉内气流，使之自相混合，降低气体不完全燃烧损失和炉膛内的过量空气系数。除搅乱和混合烟气外，若布置恰当，二次风还能起多种的良好作用。例如，二次风能将炉内的高温烟气引带至炉排前端，这对煤层的引燃有一定的作用；利用两股二次风的对吹可以在炉膛内组织起烟气的旋涡流动，既可延长飞煤在炉膛中的行程，延长其停留时间，也会由于气流的旋涡分离作用，使部分飞煤摔回炉排，减少飞煤的逸出量，有利于消烟除尘，降低飞灰带走的热损失；充分利用高速二次风射流的引带和推送作用，能使烟气完全按照所要求的路线流动，改善炉内火焰充满度、控制燃烧中心的位置、防止炉内局部结渣；二次风射流所形成的气幕还能起封锁烟气流的作用，这可以用来防止烟气流短路，使炉膛中的可燃气体和飞煤不致未经燃烧就逸出炉膛；空气二次风也可以提供一部分氧气，帮助其燃烧。不过由于二次风不经过燃料层，过多的二次风会增大过量空气系数，增加排烟的热损失。除了空气，二次风的工质还可以是蒸汽，甚至是烟气，这是因为二次风的主要作用不在于增补空气，而是扰乱烟气。

3. 锅炉运行节能

锅炉燃烧调整是运行节能的重要环节，燃烧工况的优劣对锅炉设备以及整个锅炉房的经济性都有很大影响。燃烧调整是指通过各种调节手段，保证送入锅炉炉膛内的燃料能及时、完全、稳定和连续地燃烧并能在满足机组负荷需要的前提下使燃烧工况最佳。

（1）过量空气系数的调整。在保证燃料燃烧完全的条件下，保持尽可能低的过量空气系数有助于降低排烟热损失。低的过量空气系数还可以使燃烧用空气量减少，节省通风动力的电耗。

（2）燃料与风量调节。燃料量调节主要是根据锅炉负荷的变化增减燃料，风量调节主要是根据燃料的增减，维持合理的燃料风量比，即保持最佳的过量空气系数。

链条炉在我国使用最广。链条炉运行中，需要根据负荷和煤种的变化情况调节燃烧，包括煤层厚度、炉排速度、炉膛风压等。调节的正确与否，在很大程度上取决于操作人员的技术熟练程度。当锅炉增减负荷时，必须使燃料量和风量的增减密切配合：增负荷时，应先加风后加燃料；减负荷时，要先减燃料后减风。调节过程要求平稳，忌大起大落。

（3）吹灰。积灰是指温度低于灰熔点时灰粒在受热面上的积聚体，积灰几乎可以发生在任何受热面上。一般来说，积灰可分为干（疏）松灰、高温黏结灰和低温黏结灰三种形态。

干松灰的积聚是一个物理过程。灰层中无黏性成分，灰粒之间呈松散状态，易于吹除。高温黏结灰出现的范围较广，主要在温度较高的区域内出现。高温黏结灰的形成过程是先形成一层处于熔化或软化状态的黏性灰层，靠这一层黏性灰捕捉、积聚飞灰粒子。被捕捉到的飞灰在化学作用下形成致密的灰层，坚硬且不易清除。低温黏结灰一般形成在低温受热面上。锅炉中的低温受热面是指受热面壁温低于或者稍高于烟气露点的受热面，如省煤器和空气预热器等。低温黏结灰常发生在空气预热器或省煤器上，一般呈水泥状、质密、不易清除，能无限增加，严重时可将烟道堵死，危害性大。干松积灰主要存在于对流段、空气预热器、省煤器和除尘器等部位，是所有积灰中所占比例最大的，约占 60% 以上。干松积灰的热阻大，对锅炉热效率影响明显。

随着锅炉技术的发展，出现了各种各样的吹灰装置。对不同容量、不同形式的锅炉，可以采用不同的吹灰装置。即使对同一台锅炉，由于各受热面的条件不同，在锅炉运行中所采用的吹灰装置和方式也有差异。常用的吹灰装置有喷射式吹灰器、振动式除灰器和钢珠除灰器等。对喷射式吹灰器，按工作介质可分为水力吹灰器、蒸汽吹灰器、压缩空气吹灰器；按照结构及工作方式又可分为长伸缩式吹灰器、半伸缩式吹灰器、固定回转式吹灰器；按照在锅炉炉内工作位置的不同又可分为炉膛吹灰器、对流受热面吹灰器。

在实际使用中，常常是一台锅炉同时使用数台吹灰装置，进行各受热面的综合吹扫。各种吹扫方式也需要合理配合使用，以获得最佳吹扫效果。近年来，陆续出现了多种新型的除灰装置，燃烧气脉冲装置就是其中的一种。它的工作原理是，可燃气如乙炔在混合器中和空气充分预混，在受限管道中被点燃并快速燃烧，在管道开口处产生一定强度的冲击波，清除受热面上的积灰和灰垢。实践表明，这种吹灰方法效果令人满意。

声波吹灰也是近年来受到重视的吹灰方法之一。声波吹灰，即利用声场能量清除锅炉换热器表面的积灰和结渣。将一定强度的声波送入运行中的炉体内，通过声能量的作用使空气与粉尘颗粒产生振荡，破坏和阻止粉尘粒子在管壁表面或粒子之间的结合，使其始终处于悬浮流化状态，以便烟气流将其带走或减缓灰垢的生成速度。声波的作用可以到达整个空间，使炉体任何部位的灰垢都得以清除，不会对设备产生腐蚀，对管子表面也不会产生磨损和破坏，且设备简单、安装方便、能耗小、费用低。

该技术一般用在炉子的中高温部位，对较为松散的积灰层的吹扫很有效，但对低温段的粘湿类“水泥状”结垢的吹扫效果则相对较差。由于声波清灰器使用的频率较高，实际作用时间长，故在锅炉的整个运行期间，受热面整体较清洁。声波清灰器的选型、位置布置及安装数量，要根据锅炉炉型、燃烧方式、煤种灰分特性等确定，要充分考虑锅炉的实际运行情况。

（4）阻垢与清垢。水垢是受热面或传热表面上的附着物。碳酸盐水垢是低压蒸汽锅炉和热水锅炉受热面的主要垢种，也是循环冷却水系统和换热器传热表面的主要垢种。水垢的存在恶化了传热，降低了热交换效率。200 余年来，人们通过对垢种、成垢原因的充分研究，开发了各种防垢技术，但水垢的问题依然存在，因而在防垢的同时又出现了清洗技术，成为保持受热面和传热表面清洁的辅助手段。

为了预防锅炉水垢的产生，在设计锅炉房时就要选择合理、有效的水处理设备并使之正常工作。锅炉用水的防垢处理包括预处理和软化处理。

①锅炉用水的预处理。对锅炉用水进行预处理是为了去除水中的悬浮物和胶体物质，或预先除去部分硬度，以便为水的进一步软化和除盐创造良好的条件。锅炉用水的预处理工艺流程一般包括混凝、沉淀或澄清和过滤等过程。预处理可使水中悬浮物含量减少到5mg/L以下，使水成为澄清水。经过预处理的水还需要经过软化、除盐和除气才能成为锅炉用水。

②锅炉用水的软化处理。锅炉用水的软化处理就是通过物理或化学的方法去除锅炉用水中的钙、镁等盐类物质，防止其在锅炉受热面上结垢。有锅外水处理和锅内水处理之分。锅外水处理就是在水进入锅炉之前使用专门的设备（辅助设备）对其进行一系列处理，除去其中含有的大量杂质。锅内水处理是定期向锅炉内投入适当的水处理药剂并保持排污，使锅内水达到水质标准的一种最简单的水处理方法。对于燃用煤等固体燃料的锅壳式锅炉和额定蒸发量小于2t/h、额定出口压力小于1.0MPa的水管式锅炉可以采用锅内水处理方法，但对于其他锅炉，锅内水处理只是锅外水处理的一种补充。

4. 辅助设备运行节能

（1）风机与水泵。锅炉运行过程中负荷改变是经常的。当锅炉负荷改变时，要求风机的风量也要相应改变。但由于离心式通风机所产生的全压随风量的变化比较平缓，而烟风阻力随风量的变化则相当急剧，并且它们的变化趋向基本方向。因此，风机的工况偏离设计的工况点越多，风量供与求之间的不平衡就越大，必须采取调节措施来平衡。

目前，工业锅炉房所用风机常用的调节方式有节流调节、导向器调节和变速调节。其中，变速调节最受青睐，因其具有显著的节能效果。

（2）除尘设备节能运行。我国燃煤工业锅炉配套使用的除尘设备绝大部分为旋风除尘器。旋风除尘器工作性能的优劣与烟气量有关，即与锅炉运行时的过量空气系数有关。选择风机时，误认为大的风机保险而配备风量较大的风机时，就会造成“大马拉小车”的结果。在这种情况下，即使锅炉满负荷运行，炉膛内的过量空气系数也非常大，远远超过经济运行时的过量空气系数。此外，许多锅炉运行时采用鼓、引风不变的供风方式，锅炉在启炉和正常运行时，鼓、引风阀门保持同一较大的状态，司炉工在燃烧操作时，仅据锅炉负荷的变化调整燃煤量，而不调整鼓、引风阀门的控制风量。因此，当锅炉低负荷运行时，由于燃煤量小，炉膛内的过量空气系数非常大，而当锅炉高负荷运行时，由于燃煤量大，炉膛内的过量空气系数就相对较小。过量空气系数过大，会降低炉温，恶化燃烧；过量空气系数过小，则会导致煤的不完全燃烧。因此，过量空气系数过大或过小，均会使锅炉烟尘排放量增大。所以，要实现除尘设备的高效节能运行，关键在于控制好锅炉的过量空气系数及烟风道的漏风。

加强除尘器的运行管理也是节能的重要环节。对于湿式水膜除尘装置，主要是要经常检查其筒体内壁，如有缺角、凹陷和喷嘴堵塞等应尽快修复，从而确保运行中筒体内壁水膜的形成。对干式除尘装置，司炉人员必须坚持做到定期定时清除除尘器内的积灰，这些积灰若不及时清除，就会影响除尘器的效率。积灰清除完毕，应将灰闸板插牢，关闭严密，杜绝漏风。若发现除尘器外壳穿孔，应及时修补，内部装置损坏，应及时更新，不能带病运行。实践表明，除尘器一旦漏风，其除尘效率会由原来的 90% 下降到 50%，如果漏风量达 15%，除尘效率几乎为零。

（3）水处理系统节能运行。锅炉房内水处理节能技术的应用对整个供暖系统的节能来说是非常关键的。

普遍采用的锅炉节水节能措施是防止结垢，以提高锅炉的热效率；减少排污量和回收排污热，以减少排污热损失；回收凝结水，以提高热利用率和节约锅炉给水。要防止结垢和减少排污率，必须通过提高给水质量和加入阻垢剂才能实现。回收凝结水的前提条件是，保证凝结水不被腐蚀性物质所污染。

低压锅炉配套使用的钠离子交换设备，使用较多的是固定床和浮动床。设备比较简单，但出水质量不好。有些单位只讲使用，不管修理，可能的问题有：阀门泄漏、开关不严造成硬水、软水、盐水相互流窜，影响锅水质量；交换罐锈蚀造成树脂“中毒”，有些交换罐使用多年，碳钢罐体内防腐能力降低，有些根本无防腐措施，树脂受铁离子污染中毒，失去交换能力；滤帽滤网破损或喷头脱落，造成树脂逃逸，树脂量不足，有些树脂破碎，又未及时添加；软水储水设备本身的原因造成软水硬度提高或二次污染，铁制软水箱在使用一段时间后没有及时进行防腐处理，锈蚀严重、氧化铁剥落等造成二次污染。

第二节　余热锅炉

余热锅炉是余热回收利用的重要设备之一，在提高能源利用效率、节约燃料消耗方面有着极其重要的作用。余热锅炉的结构和一般锅炉相似，包括锅炉受热面和为受热面服务的全部附属组件。各附属组件的作用也和一般锅炉相同。不同的是它的热源依赖于余热，它的工作服从生产工艺。

一、余热锅炉的分类

由于余热载体的成分、特性等与燃料燃烧所生成的烟气存在显著差异，并且各种余热载体也千差万别，因而余热锅炉在不同应用场合也各具特色，结构上也有一定差别。余热锅炉的分类、结构形式以及特点见表 3-1。按烟气的流通方式，可把余热锅炉分为两类，即烟管式锅炉和水管式锅炉；按水循环方式可分为自然循环式与强制循环式；按传热方式可分为辐射式和对流式；按水管的形式可分为光滑管型和翅片管型；按水管的布置可分为叉排式和顺排式；按烟气流动的方向可分为平行流动式和垂直流动式等。

表 3-1　余热锅炉的分类、结构形式及特点

分类	结构形式		特点
按烟气流通方式	烟管式	烟气在管内流动	结构简单，价格低，不易清灰，适用于低压、小容量
	水管式	烟气在水管外流动	结构复杂，耐压，耐热，工作可靠
按水循环方式	自然循环式	利用水和汽水混合物密度的差异循环	结构简单
	强制循环式	依靠水泵的压头而实现强制流动	保有水量少，结构紧凑，可布置形状特殊的受热面
按传热方式	辐射式	在烟气通路四周设置水冷壁	适用于回收高温烟气余热
	对流式	在烟气通路中设置对流受热面	适用于回收中、低温烟气余热
按水管的形式	光滑管型	受热面采用光滑管	工作可靠，用途广
	翅片管型	受热面采用翅片管	结构紧凑，可使锅炉小型化，应注意耐热性、积灰、腐蚀
按水管的布置	叉排式	传热管互相交叉排列	传热性能好，清灰、维修困难
	顺排式	传热管互相顺排排列	传热性能较差，清灰、维修容易
按烟气流动的方向	平行流动式	烟气平行于传热管流动	传热性能较差，受热面磨损小，不易积灰
	垂直流动式	—	传热性能好，适用于烟尘含量低的烟气
按受热面构成	只有蒸发器		结构简单
	装有蒸发器和省煤器		余热回收量增大
	装有蒸发器、省煤器和过热器		可提高回收蒸汽的品位

烟管式余热锅炉结构简单、紧凑，制造容易，操作方便，并且烟气侧气密性好，漏风少。缺点是金属消耗量大，水汽侧锅筒的直径大，蒸汽压力不宜过高，水质不好时清理水垢较为困难。烟管直径一般为 50 ~ 76mm，锅筒直径有的大至 3 ~ 3.5m。

水管式余热锅炉按其水的循环方式可分为自然循环和强制循环两种。自然循环余热锅炉靠水与水汽混合物的密度差，在受热管内流动。因此，对自然循环锅炉来说，需要构成一个水循环回路。循环回路由上、下锅筒和锅筒之间的对流管束构成。当烟气流过管束时，由于受热强弱不同，受热强的管内产生一部分蒸汽，汽水混合物的密度小，混合物向上流动，受热弱的管内水的密度大，向下流动，由此形成自然循环。产生的蒸汽在上锅筒经分离后排出，也可至过热器进一步加热，成为过热蒸汽。强制循环余热锅炉是由泵迫使水在管内流动的，其受热面的布置比较自由。

二、余热锅炉参数

余热锅炉的设计、制造比较复杂，一般由专业工厂承担设计和制造。但由于余热锅炉的热源依赖余热，其工作又服从生产工艺，因此，要掌握余热锅炉主要设计参数的选择原则，正确地确定有关参数，才能制造出满足需要的余热锅炉。

余热锅炉的蒸汽压力是重要的设计参数，在选择这一参数时，应首先考虑所回收蒸汽的用途。如果余热锅炉回收的蒸汽是为了一般的供暖需要，则不要求太高的蒸汽压力。例如，当回收的蒸汽直接用于生产工艺时，应根据工艺过程的需要，尽量选用较低的蒸汽压力参数。当生产工艺过程所需要的最大蒸汽压力为 0.3MPa 时，考虑到蒸汽流经管道的压力损失，余热锅炉的蒸汽压力选用 0.4MPa。如果选用过高的蒸汽压力，由于余热锅炉内烟气与水之间的传热温差变小，需要加大受热面面积，会增加余热锅炉的投资。目前，在工业炉上实际采用的一些余热锅炉的参数见表 3-2。可以看到，加热炉的种类多、负荷变动大，定型的余热锅炉难以与之完全配套，会影响余热锅炉的实际使用效果，因此，在设计或选型时应加以注意。

表 3-2 工业炉用的余热锅炉的参数

炉型	烟气参数		余热锅炉型号	蒸发量 /(kg/h)	蒸汽参数	
	流量 /（m^3/h）	温度 /℃			表压力 / 10^5Pa	温度 /℃
加热炉	20000 ~ 35000	500 ~ 700	F30/650-6/13-250	3000 ~ 8000	13	250 ~ 300
	35000 ~ 45000	500 ~ 700	F40/650-8/13-250	5000 ~ 10000	13	250 ~ 300
	45000 ~ 55000	500 ~ 700	F50/650-12/13-250	7000 ~ 14000	13	256 ~ 300

续表

炉型	烟气参数		余热锅炉型号	蒸发量/(kg/h)	蒸汽参数	
	流量/(m^3/h)	温度/℃			表压力/10^5Pa	温度/℃
加热炉	20000 ~ 30000	550 ~ 700	HJ25/550-5-13/250	4000 ~ 7000	13	250 ~ 300
	30000 ~ 45000	550 ~ 700	HJ40/550-8-13/250	6000 ~ 10000	13	250 ~ 300
	45000 ~ 70000	550 ~ 700	HJ55/550-10-13/250	9000 ~ 16000	13	250 ~ 300
玻璃窑炉	8000	500	B8/500-1-13	1000	13	饱和
	25000	500	B25/500-3-13	3000	13	饱和
	40000	500	B40/500-5-13	5000	13	饱和

三、余热锅炉的应用

（一）用于加热炉烟道排气的余热锅炉

加热炉用途广泛、种类繁多，例如，钢铁企业中的均热炉、钢板加热炉、热风炉、炼焦炉，石油炼制中的石油加热炉，化学工厂、食品工厂中的原料加热炉，机械工厂的锻造加热炉等。加热炉所用的燃料多为气体燃料和油类，因而烟气中灰分较少。但烟气中含有一定比例的 SO_2 和 SO_3 气体，故应注意烟气的腐蚀性。

加热炉烟道排气余热的利用途径可分为自身利用和对外供能两方面。为节约加热炉所消耗的一次能源，优化整个企业的总能系统，一般应采取“先自身利用，后对外供能”的方针，即首先采用高温换热器，将高温烟气用于预热助燃空气、燃料或物料，以实现回热利用。然后根据换热器排烟温度的高低，或选用余热锅炉，或采用其他中、低温余热回收装置，进行综合利用。这种余热回收系统不仅符合能级匹配、梯级利用的用能原则，能够收到最大的节能效果，还有利于取得更大的经济效益。表 3-3 列出了各种不同形式加热炉的排气参数以及相当的蒸发量。

表 3-3　加热炉的排气参数以及相当的蒸发量

加热炉种类	燃料	排气量/[m^3（标准）/h]	排气温度/℃	相当蒸发量/(t/h)
钢板加热炉	重油，高炉气，焦炉气	50000 ~ 150000	400 ~ 450	10 ~ 30
炼焦炉	高炉气，焦炉气	150000 ~ 400000	250 ~ 270	15 ~ 40
石油加热炉	重油	10000 ~ 200000	400 ~ 500	2 ~ 50
燃气轮机排气	轻质油，重油，B 重油	30000 ~ 600000	400 ~ 515	7 ~ 150
玻璃熔融炉	重油	10000 ~ 75000	200 ~ 300	15 ~ 40

（二）用于熔解炉的余热锅炉

有色金属冶炼炉（包括铜、铝、铅的熔解炉）、玻璃熔融炉、冶炼合金的电炉等都属于熔解炉。这类炉子排气中含有大量被加热物料带来的腐蚀物及灰尘。工业废物燃烧炉也属于这类，其腐蚀物和灰尘含量也很高。

由于灰尘含量高，用于熔解炉的余热锅炉一般采用光滑管受热面。为了防止腐蚀，应控制受热面的温度高于排气的酸露点，以防止低温腐蚀，且应采用耐高温腐蚀的材料，以防止高温腐蚀。

铜精炼炉排气中的 SO_2 含量高达 10% ~ 12%，灰尘量为 50 ~ 100g/m^2（标准）。为了防止低温腐蚀，余热锅炉的运行压力定为 5.0MPa（饱和蒸汽温度为 265℃）。此外，铜精炼炉高温排气中的某些灰分处于熔融状态，当它遇到受热面时则附着在受热面上，致使受热面堵塞，降低传热性能。为此，在余热锅炉前半部采用四周为水冷壁的大辐射室，铜精炼炉排气在辐射室中主要以辐射方式传热，避免了高温熔融灰尘与受热面直接接触。余热锅炉后半部采用对流受热面，铜精炼炉排气流经多排管束时以对流方式传热。

为便于排灰，在辐射室和对流受热面下部都设有灰斗。由于铜精炼炉排气中灰分的硬度高，磨损性大，为减轻对流受热面的磨损，应注意对流受热面的布置方式及流经对流受热面气流速度的选取等。

（三）用于化学工厂工艺气体的余热锅炉

在化学工厂，从原料到成品的生产工艺过程中，经常需要冷却在工艺过程中产生的高温工艺气体，这时余热锅炉可当作高温工艺气体的冷却器使用。例如，硫酸工厂中硫黄燃烧产生的亚硫酸气体，硝酸工厂中的 NH_3 燃烧气体，NH_3 工厂中的中间合成气体等。工艺气体的特点是，气体成分特殊，具有腐蚀性、压力高。因而，在回收高温工艺气体的热量时，余热锅炉的选材和结构应注意耐压、抗腐蚀和抗磨损等。

第三节 地热技术

地热是来自地球深处的热能，起源于地球的熔融岩浆和放射性物质的衰变。岩浆对地壳的侵入和地下水的循环，把热量从地下深处带至近表层。地热不但是无污染的清洁能源，如果提取速度不超过补充速度，它还是可再生能源。地热的合理利用可以部分替代化石能源的消耗，对于节能减排具有重要意义。

据估计，全球99%的物质处于1000℃以上的高温状态，只有不到1%的物质处于100℃以下，尽管其中可利用的部分很小，但仅利用现有技术可以开发利用的地热能就是目前所有化石能源储量的30倍以上，因此，地热能是一种储量极其丰富的替代能源。我国地热资源储量丰富、分布广泛。据不完全统计，仅12个主要沉积盆地的地热资源储量折合标准煤就高达8532×10^{8}t，可采资源量折合标准煤2560×10^{8}t；我国3000 ~ 10000m深处干热岩资源储量折合标准煤高达860×10^{12}t，相当于目前全国年度能源消耗总量的26万倍。

地热能的开发利用包括发电和非发电利用两个方面。世界各国利用地热能的经验表明：高温地热资源（150℃以上）主要用于发电，发电后排出的热水可进行逐级多用途利用。中温（150℃以下90℃以上）和低温（90℃以下）的地热资源则以直接利用为主，多用于供暖、干燥、工业、农林牧渔业、医疗、旅游及人民的日常生活等方面。

一、地热发电

地热发电主要有地热蒸汽直接发电、地热水扩容发电和中间介质发电三种形式。地热发电形式的选择取决于地热的温度和形态。如果是高温干蒸汽地热，并且压力较大，可采用汽轮机带动发电机直接发电。若地热属水汽兼有，则采用介质法发电。

（一）地热蒸汽直接发电

地热蒸汽直接发电是指由地热井中取出地热蒸汽，对其进行净化，除去其中的杂质，如各种矿物盐、不凝结气体和钻井的机械颗粒等，后送入汽轮机，汽轮机旋转带动发电机发电，做功后的余汽与冷却水混合，在冷凝器中冷凝，经冷却塔后排放或回灌。若地热井出来的不是干蒸汽，而是热水和蒸汽混合的湿蒸汽，则要先进行水汽分离，然后送入汽轮机。

（二）地热水扩容发电

当地热水的温度不高，产生的蒸汽量不大，不能推动汽轮机旋转时，要设法提高蒸汽的能力。在物理学上，水的沸点温度与压力呈正比关系，如正常大气压力下水的沸点为100℃的水蒸汽，若将压力变小，水的沸点温度和产生蒸汽的温度也会下降。根据这一原理，当地下热水引出时，让它快速进入一个扩大容积的装置，使压力降低，加速汽化，这时就能获得上千倍的扩容蒸汽，就可推动汽轮机旋转，带动发电机发电。通常称这种方法为“减压扩容”法，它的关键设备是扩容器。

（三）中间介质发电

当地热水温度较低，所含矿物质太浓，易于结垢，采用上述方法发电困难时，只有依靠中间介质来发电。中间介质法就是选用一种低沸点的物质，如氯乙烷、正丁烷和异丁烷等，把地热水作为热源去加热中间介质，由于它很容易汽化，可以推动涡轮机旋转而发电。然后用水冷却发电后的气体，使它恢复到原来的液体状态，再用泵打到热交换器去，从而完成一个循环。

二、地热供暖

除了发电外，更为大量的地热资源是被直接利用的。因为地热直接利用的基建投资费用相对较低，利用率较电力转换率高，回收较快。此外，可供直接利用的具有商业开发价值的中低温地热资源储量丰富，分布广泛，用户多，市场广阔。

（一）地热直接供暖

地热直接供暖方式是指地热水直接通过热用户，然后排放掉或回灌。这种供暖方式设计结构简单。在地热水进入热用户之前，根据水质条件可以增设除砂器，为调节进入热用户的温度可增设供暖调峰装置和混水器等。如果采用锅炉调峰装置，地热水相当于锅炉供水。如果采用热泵调峰，一般以通过热用户后排放之前的地热水作为热源为热泵的蒸发器提供热量，使地热水的排放温度进一步降低。

地热直接供暖的优点是，温差损失小，供暖效率高，初投资少。但其采用有一些限制条件。如下所述。

（1）地热水的腐蚀性要低，即含有的诱导化学腐蚀的成分，如氯离子 Cl^-、硫酸根离子 SO_4^{2-} 等要少。其实，地热水的化学腐蚀性是相对而言的，这与供暖系统的运行管理状况有很大关系，如果严格地控制系统内的含氧量，即使水含有腐蚀性成分，其腐蚀速度也会大大降低。

（2）地热管网系统的结垢控制。尽管低温地热水不像高温两相地热流体的结垢趋势那么强，但是如果有结垢出现将影响系统的散热性能，降低地热水的有效热利用率，因此在选用地热直接供暖方式之前，应对地热水的腐蚀和结垢趋势进行充分论证。

（3）由于直接式地热供暖系统的水力调节性较差，故不宜用于高层建筑的供暖。因为地热水泵的承载扬程过高，水头难以稳定。

由于地热水具有出水温度基本恒定的特点，要想充分利用地热水的热能，应尽量降低地热水的排放温度。要增加供、回水之间的温度差，可加大热用户的终端散热器的散热面积。当然，从热力学节能的角度出发，合理的供暖设计应当增加调峰措施（调峰承担尖峰负荷），在大部分供暖时间内采用地热直接供暖（地热承担基础负荷），而仅在很短的时间里采用地热供暖加调峰装置。

（二）地热间接供暖

与直接式不同，间接式地热供暖系统的地热水不直接进入用户散热器，而是通过换热站，将热量传递给供暖管网的循环水，温度降低后的地热水回灌或放掉。由于地热水不经过供暖管网，散热器腐蚀的问题得以解决。另外，供暖管网的压力也比较稳定，因此在大规模集中地热供暖中推荐采用间接式供暖系统。间接式地热供暖系统的缺点是：增加了换热站；循环水进入热用户的温度会比地热水的出水温度低。

（三）地热供暖的调峰

每个供暖季最低室外温度只有很短的时间。对于直接式供暖系统，如果建筑物的散热特性固定，计算得到的地热水利用温降将保持不变。因此，超过设计热负荷时可以增加地热水流量，或者选用其他的热源补给，调峰设计比较简单。

间接式供暖系统的调峰比较复杂。在地热水流量不变的条件下，线性地增加循环水的温度可以应对室外温度的降低，起到调峰的作用；也可以通过增加换热面积以降低换热温差。但是循环供水温度不可能超过地热水出口温度，地热水温度不可能像锅炉一样有调节的能力。若不采用调峰措施，那么绝大部分供暖期内的系统都会运行在低于设计热负荷下。而如果采用调峰措施，如调峰有 50% 的供暖能力，会节约近一半的地热供暖热负荷，节约下来的部分可以提供相同的供暖面积。地热供暖与调峰措施相结合，可以充分利用地热水，提高地热水的利用效率。较理想的设计热负荷是略高于全年的平均热负荷。这样在整个供暖期内地热供暖系统都处于运行状态。

供暖系统的调峰可以使用锅炉、电加热或热泵系统等。电加热调峰比较方便，但其运行费用较高，因而热泵在地热供暖调峰中的应用越来越多。热泵用于地热供暖调峰的优点有两个。

（1）地热排水可直接作为热源使用，进一步降低地热排水温度，这不仅提高了地热水的热利用效率，也可以使热泵在较高的制热性能系数下工作。

（2）蒸发器侧和冷凝器侧无须增加循环水泵，可以看作安装在管网系统上的一段管道。

采用热泵调峰可以有不同的布置方法。例如，以循环水回水为蒸发器热源的供暖系统。这种系统可进一步降低循环水进入换热站时的温度，使换热站的换热效率提高。但要保证换热站循环水的出口温度不受影响，应增加换热面积。如果经换热站换热后循环水的出口温度比热泵冷凝器的工作介质冷凝温度低，则可以让循环水流经冷凝器之后直接入热用户。如果冷凝器的温度低于换热站出口的循环水温度，则必须采用单独循环系统经过冷凝器，然后并网或单独入热用户。

采用锅炉调峰时，一般可以把由换热站或冷凝器出来的循环水作为锅炉给水。当然，为了调节和控制的灵活性，可以为蒸发器、冷凝器以及锅炉等设备两侧加旁通管路。

三、地热的其他应用

（一）温室大棚

温室是人类在建筑场所内控制和模拟自然气候从事植物栽培的一种高级园艺设施。按照栽培使用季节，可以分为冬季温室和春季温室两类。前者多为加温温室，后者多为不加温或短期加温温室。由于温室的能源消耗很大，因而利用地热是降低温室运行费用的有效方法之一。地热供暖的最大优点就是初投资不依赖于供热量，运行费用也小。

1. 温室的分类

温室的分类方法有很多。根据温室的最终使用功能可分为展览温室、栽培温室、繁殖育种温室和试验温室等。根据温室主体的结构材料可分为土温室、砖木结构温室、钢筋混凝土温室和钢结构温室。根据其覆盖材料可分为纸温室、玻璃窗温室和塑料薄膜温室。根据沿温室跨度方向的立面造型可分为单坡面温室和双坡面温室。根据屋面形状可分为圆拱形、折线形、锯齿形、尖顶形和平顶形等温室。根据温室平面的不同布局可分为单栋温室和连栋温室。根据加温方式则可分为连续加温温室、间歇加温温室和不加温温室等。

2. 温室的主要性能指标

（1）透光性能。温室是采光建筑，其透光性能的好坏直接影响室内作物的光合作用和室内温度。透光率是评价温室透光性能的一项基本指标，它是指透进温室内的光照量与室外光照量的百分比。一般玻璃温室的透光率在 60% ~ 70%，连栋温室的透光率在

50% ~ 60%，日光温室在 70% 以上。

（2）保温性能。提高温室的保温性能是降低能耗、节约能源的保证。衡量指标除了温室维护结构的保温热阻外，温室的保温比也是一项重要指标。保温比是指热阻较大的温室维护结构覆盖面积和土地面积之和与热阻较小的温室透光材料的覆盖面积之比。保温比越大，温室的保温性能越好。

（3）耐久性。温室是一种高投入的农业设施，其使用寿命直接影响每年的折旧成本和生产效益，因此必须考虑其耐久性。温室的耐久性除了受温室材料耐老化性能的影响外，还与温室主体结构的承载能力有关。

3. 温室的热负荷

温室供暖是通过人为控制小气候，营造一定的热湿环境和空气最佳条件，使生物在较适宜的环境中生长，实现周年生产。在实际工程中，由于室外的温度、风速、风向、光照等都在不断变化，不可能计算温室每一时间内需要的热负荷，因此就会选择一个最不利条件，来计算温室热负荷。由于室外最低温度一般出现在凌晨（测试数据），此时供热量要求最大，因此，温室设计一般采用此时的供热量作为供暖设计热负荷。

4. 温室的供暖系统

温室供暖系统主要有两种形式，即热风供暖系统和热水供暖系统。热风供暖系统将温室内回风加热，通过风管送出。在风管壁面上有规律地开设许多小孔，使之较为均匀地送至温室的每个位置。热水供暖系统则采用管道作为散热器。采用热水供暖系统时，整个温室的温度场更加均匀。

（二）地热孵化

随着地热能源的开发，地热孵化悄然兴起。现有的孵化设备是一个整体，即孵化箱。地热孵化的原理是以加热器提供孵化机箱体内需要的温度，使鸡蛋处在最适宜孵化的环境温度（37.8℃）下。胚蛋在此温度下经过 21d 孵化，发育为雏鸡。为了补偿箱体散热，维持箱体内所需温度，孵化箱内需要安装散热器；为了使箱体内温度场分布均匀，又要有足够的通风量，还需要安装风扇，并在适当的位置开设进风口和排风口。

（三）地热干燥

地热干燥是地热利用的重要方式之一。地热水经过换热器产生热风对干燥窑内的物料进行脱水干燥，干燥后的尾水可再进行其他形式的利用。

四、地热开发的风险

地热开发存在地质灾害风险、环境污染现象和一定的生态影响，其中地面沉降、水污染和热污染是普遍性的问题。相对于中低温地热资源的直接利用而言，高温地热资源的发电利用产生工程环境问题的可能性更高，所造成的不利影响更为严重。

（一）地质灾害

在高温水热区，对浅层热储层进行地热钻探过程中会诱发水热爆炸。当前开发的地热资源，尤其是高温地热资源，一般都位于地震活动区，世界上主要的地热田附近都已观察到地震活动（低于里氏 4 级）。

在浅层热储层地热开发中，由于抽取地热水引起地下热水位不断下降，热储层的水压力降低，有效应力增大，地层产生压缩，从而引起地面变形。地面下沉和水平变形不但损坏地热生产设施，而且会影响沉降区附近的公路、管线及房屋建筑等。此外，地热开采对原有的断层也会产生一定影响。

地热开发对地热景观也会产生一定的影响。西藏羊八井地热田在开发前，热田内分布有大面积的热水沼泽、热水塘、放热地面、冒汽地面、沸泉群、沸泥塘、喷气口等地热地质景观（热显示），是青藏高原上最大的一个热水湖。随着热田的开发，大量的地热流体被抽取后，地表热显示几乎全部消失，热水湖干涸。

（二）环境污染

在地热开发过程中，地热水或地热蒸汽中所含的各种气体和悬浮物将排入大气，特别是温度较高的地热流体中含有浓度较高、危害较大的 H_2S、CO_2、CH_4、NH_3 等不凝气体。

地热水中氟化物、硫化物、氯化物、固形物（全盐量）和二氧化硅的含量远比一般地下水高。未加处理的地热废水排放会污染地表水和浅层地下水。

过量开采地热水导致地下水水位大幅度下降，会造成浅部污染源从地下水位降落漏斗区直接进入深层基岩水体，沿海地区还可能引发海水入侵。

地热田生产废水尤其是高温地热田发电尾水的排放，还会影响周围的生态系统及生物多样性。西藏羊八井地热发电的尾水水温高达 80℃，每天有 4 万 ~ 5 万 t 排放到藏布曲河，致使河中原有的鱼类绝迹。

总之，只有在地热开发利用中重视可能产生的环境问题，并采取有力的预防措施，地热能才能成为名副其实的“绿色能源”“清洁能源”，从而实现地热能开发利用的可持续发展。

第四节　热泵技术

“热泵”是一种能使热量从低温物体转移到高温物体的能量利用装置。恰当地运用热泵，可以把那些不能直接利用的低温热能转变为有用的热能，减少燃料消耗。提高热泵装置或系统的效率，则可以通过降低热泵的能量输入进一步降低能耗。

一、热泵的工作原理

热泵是一种以消耗一部分能量（如机械能、电能、高温热能）为代价，通过热力循环，把热能由低温物体转移到高温物体的能量利用装置。它的原理与制冷机完全相同，是利用低沸点工质（如氟利昂）液体通过节流阀减压后，在蒸发器中蒸发，从低温物体吸取热量，然后将工质蒸汽压缩使其温度和压力提高，经冷凝器放出热量而变成液体，如此不断循环，把热能由低温物体转移到高温物体。与制冷装置相同，热泵也采用逆循环，但其目的不是制冷而是制热，即工作的温度范围与制冷机不同。

二、热泵的低温热源

热泵可以回收自然环境（如空气、水和土壤）和其他低温热源（如地下热水、低温太阳热）中的低品位热能，也可以回收 100 ～ 120℃以下的烟气废热。

（一）空气

空气是最常用的热泵热源，可随时随地无偿使用。空气在各种不同的温度下都能提供一定数量的热量。但是空气的比热容小，要获得足够的热量以及满足热泵温差的限制，其室外侧蒸发器所需要的风量较大。这使热泵的体积增大，也造成了一定的噪声，蒸发器中的工质蒸发温度与空气进风的温度相差 10℃左右，蒸发器从空气中每吸收 1kW 的热量，实际所需的空气流量约为 0.1m^3/s（指 360m^3/h）。一般而言，相同容量下，热泵用蒸发器的面积比制冷用蒸发器的面积大。

空气热源的主要缺点是空气参数（温度、湿度）随地域和季节、昼夜均有很大变化。空气参数的变化规律对于空气热源热泵的设计和运行有重大影响，主要表现在：一是随着空气温度的降低，蒸发温度下降，热泵温差增大，热泵的效率降低。单级蒸汽压缩式热泵虽然在空气温度低到 -20 ~ -15℃时仍可运行，但此时制热系数降低很多，其供热量可能仅为正常运行时的 50% 或更低。二是随着环境空气温度的变化，热泵的供热量往往与建筑物的供暖热负荷相矛盾，即大多数时间内均存在供需不平衡的现象。

空气热源的另一个缺点是空气是有湿度的，流经蒸发器被冷却时，在蒸发器表面会凝露甚至结霜。蒸发器表面微量结露时，可增强传热 50% ~ 60%，但阻力有所增加。当蒸发器表面结霜时，不仅流动阻力增大，而且随霜层厚度增加，热阻提高。环境气温低而相对湿度高时则易结霜。事实上，结霜还与热泵的各具体工况和装置的情况有关。当室外温度低，空气中含湿量也低时，结霜并不严重。

（二）水

可供热泵作为热源用的水可分为两种：地表水（河川水、湖水、海水等）和地下水（深井水、泉水、地下热水等），水的比热容大，传热性能好，所以其换热设备较为紧凑。另外，水温一般也较为稳定，因而热泵运行的性能好。其缺点是：装置必须靠近水源。并且，水质要满足一定的要求。输送管路和换热器的选择必先经过水质分析，防止可能出现的腐蚀。

1. 地表水

一般来说，只要地表水冬季不结冰，均可作为低温热源使用。我国长江、黄河流域有丰富的地表水。用江、河、湖、海作为低位热源，可获得较好的经济效果。地表水相对室外空气来说，是高品位热源，除了严寒季节，一般不会降到 0℃以下，且不存在结霜问题，因此，使用江河水、湖水以及海水做热泵热源的实例很多。以地表水为低位热源要考虑对悬浮垃圾、海洋生物等的清除，防止污泥进入换热器影响传热效率，还要考虑采用防蚀的管材或换热器材料避免海水腐蚀。由于地表水温度受气候的影响较大，与空气源热泵类似，环境温度越低、热泵的供热量越小，热泵的性能系数降低。

2. 地下水

无论是深井水还是地下热水，都是热泵的良好热源。地下水位于较深的地层中，因隔热和蓄热的作用，其水温随季节的变化较小，特别是深井水的水温常年基本不变，对热泵的运行十分有利。深井水的水温一般约比当地年平均气温高 1 ~ 2℃。我国华北地区深井水温为 14 ~ 18℃，上海地区为 20 ~ 21℃。根据国外和中国上海市的经验，大量使用深井水会导致地面下沉，且会逐步造成水源枯竭。因此，以深井为热源时可采用“深井回灌”的方法，并采用“夏灌冬用”和“冬灌夏用”的措施。所谓“夏灌冬用”，就是把夏季温度较高的城市上水或经冷凝器排出的热水回灌到有一定距离的另一个深井中，即将热量储存在地下含水层中，冬季再从该井中抽出作为热泵的热源使用。“冬灌夏用”则与之相反。这样不仅实现了地下含水层的蓄热作用，而且防止了地面的沉降。采用这一方法时，应注意回灌水对地下水有无污染的问题。

3. 废水

（1）生活废水。生活废水是量大面广的低位热源。洗衣房、浴池、旅馆等的废水温度较高，用这些废水作为热泵的低位热源，热泵将具有较高的供热性能系数。但是存在的最大问题是：如何储存足够量的水以应对供暖负荷的波动以及如何保持换热器表面的清洁和防止水腐蚀，等等。

近年来，城市污水成为一种受人关注的低温余热源，是水 / 水热泵或水 / 空气热泵的理想低温热源。污水源热泵系统是水源热泵系统的一种，具有很多优点：第一，水的比热容大，设备传热性能好，故换热设备较紧凑；第二，水温的变化较室外空气温度的变化要小，故污水源热泵的运行工况比空气源热泵的运行工况要稳定；第三，采用污水作为水源热泵的热源 / 热汇，根据污水夏季温度低于室外温度，冬季高于室外温度的特点，与以地下水为热源 / 热汇的水源热泵相比，污水源热泵在技术和经济性上更具优势。

（2）工业废水。工业废水的形式多、数量大、温度高。有的工业废水可直接利用，有的可作为水源热泵的低位热源，如冶金和铸造工业的冷却水；又如从牛奶厂冷却器中排出的废水可以回收，作为加热清洗牛奶器皿的热水；从溜冰场制冷装置中吸取的热量经热泵提高温度后，可用于游泳池水的加热；等等。

（三）土壤

土壤与空气一样，处处皆有，也是热泵的一种良好的低温热源。由于土壤的温度变化不大，换热器基本不需要除霜。但是，由于土壤的传热性能欠佳，需要较大的传热面积，占地面积较大，尤其是水平埋管占地面积更大。土壤的能源密度为 20 ~ 40W/m^2，一般可取 25W/m^2。

土壤的传热性能取决于土壤的热导率、密度和比热容。潮湿土壤的热导率比干燥土壤的热导率大许多倍。当地下水位高而埋管接近或处于水层时，土壤的热导率提高。当地下水流动速度增大时，传热性能还能提高。

三、热泵的分类

热泵的热源为低位热源（低温载热介质），要消耗一部分能量才能把热能由低温载热介质移向高温载热介质。目前，工程界对热泵系统的称呼尚未形成规范统一的术语，热泵的分类方法也各不相同。

按工作原理，热泵可分为压缩式热泵、吸收式热泵、热电式热泵和化学热泵。按驱动能源的种类，热泵可分为电动热泵、燃气热泵和蒸汽热泵。按低位热源的性质，可将热泵分为空气源热泵、水源热泵、土壤源热泵和太阳能热泵等。水源热泵系统又分为地表水源热泵系统和地下水源热泵系统。有时，又把土壤源热泵系统和地下水源热泵系统称为地源热泵。

（一）压缩式热泵

压缩式热泵是以消耗一部分高质能（机械能或电能）为代价制热的。低沸点工质通过压缩机压缩，消耗外功 W，使工质的压力和温度升高。由于它的温度高于供暖所需的温度 T_H，让它通过冷凝器向室内供出热量 Q_1 而本身被冷凝。然后通过膨胀阀节流降压，同时温度也降低。由于它的温度将低于低温热源的温度 T_L（一般为环境温度 T_0），在蒸发器中吸收外界热量 Q_2 而蒸发。蒸汽再回到压缩机继续压缩，完成一个循环。

衡量压缩式热泵的性能指标叫制热系数 φ，或叫性能系数 COP，其定义为热用户得到的热量与消耗外功之比，即：

$$COP=\varphi=\frac{Q_1}{W} \tag{3-8}$$

如热泵完全可逆，即按逆向卡诺循环进行，此时的制热系数应为最大，即：

$$\varphi_{max}=\frac{Q_1}{Q_1-Q_2}=\frac{T_H}{T_H-T_L}=\frac{1}{1-\dfrac{T_H}{T_L}} \tag{3-9}$$

实际上，由于传热必然存在温差，工质向室内放热时的冷凝温度 T_1 高于 T_H，从低温热源吸热时的工质温度 T_2 低于 T_L。如果按工质实际工作温度范围（T_1-T_2）计算其最大的制热系数，则为：

$$\varphi'_{max}=\frac{T_1}{T_1-T_2}=\frac{1}{1-\dfrac{T_2}{T_1}} \tag{3-10}$$

由式（3-10）可见，如果（T_1-T_2）越小，或 T_2/T_1 越大，则 φ'_{max} 越大，φ'_{max} 始终大于

1；当 T_2/T_1 接近 1 时，φ'_{max} 将趋于无穷大。这说明，热泵所能提供的热量在数量上超过所消耗的功。并且，当转移热量的温差越小时，它的效果越大。就这点来说，利用热泵取暖是最适合的方式。

实际的热泵除有传热不可逆的损失外，由于在压缩机及膨胀阀中也存在不可逆损失，实际的制热系数 φ 将小于理论值，即：

$$\varphi<\varphi'_{max}<\varphi_{max} \tag{3-11}$$

在确定热泵的工质、热力循环参数及压缩机的效率后，可以利用工质热力学性质图表，计算出 φ 值。在概算时可取：

$$\varphi=\eta\varphi'_{max} \tag{3-12}$$

式中：η——热泵有效系数，一般在 0.45 ~ 0.75，概算时可取 0.6。

（二）吸收式热泵

吸收式热泵以消耗一部分温度较高的高位热能 Q_G 为代价，从低温热源吸取热量供给热用户。它所能提供的热量 Q_1 大于消耗的热量 Q_G，所以比直接供暖的效果要佳。

吸收式热泵的基本工作原理如下：由吸收剂和工质组成的溶液装于发生器中。吸收剂要对工质有强大的吸收能力，二者的沸点差还要尽可能大。吸收式热泵一般采用 H_2O-LiBr（水—溴化锂）溶液，水作为工质，溴化锂为吸收剂。溴化锂溶解于水中构成溴化锂水溶液。当高温热源对发生器中的溶液进行加热时，由于工质容易汽化，因此会产生一定压力的水蒸汽。发生器和吸收器起压缩机的作用。工质在冷凝器中的放热过程以及经节流阀降压、降温后，在蒸发器中从低温热源吸热的过程，与压缩式热泵相同。在蒸发器中蒸发的低压蒸汽送至吸收器中，被吸收剂吸收后，稀溶液送回发生器循环使用。

衡量吸收式热泵的性能指标也叫制热系数，用 Ψ 表示。它是指向热用户提供的热量 Q_1 与消耗的高位热能 Q_G 之比，即：

$$\Psi=\frac{Q_1}{Q_G} \tag{3-13}$$

理想制热系数（最大值）是按完全可逆情况下求得的系数。由热力学可知，不论采取什么方式和途径，只要过程完全可逆，则所得的结果应该相同。因此，可以设想一个利用高位热能 Q_G 的可逆热泵系统。首先利用高位热源与热用户之间的温差，设置一台可逆的卡诺热机 RJ，将从热源吸收的热 Q_G 中，一部分转换成功 W，放出的热 Q'_1 提供给热用户。所产生的功提供给可逆热泵 RB，使它从低温热源吸取热量 Q_2，提供给热用户热量为 Q''_1。

对可逆的卡诺热机来说，产生的功为：

$$W=\frac{T_G-T_H}{T_G}Q_G \tag{3-14}$$

供给热用户的热量 Q'_1 为：

$$Q'_1=\frac{T_H}{T_G}Q_G \tag{3-15}$$

产生的功 W 提供给可逆热泵后，可向热用户提供的最大热量为 Q''_1 为：

$$Q''_1=\frac{T_H}{T_H-T_L}W=\frac{T_H}{T_H-T_L}\cdot\frac{T_G-T_H}{T_G}Q_G \tag{3-16}$$

代入式（3-13），可得吸收式热泵理想的最大制热系数为：

$$\Psi_{max}=\frac{Q'_1-Q''_1}{Q_G}=\frac{T_H}{T_G}+\frac{T_H}{T_H-T_L}\cdot\frac{T_G-T_H}{T_G}=\frac{T_H}{T_H-T_L}\cdot\frac{T_G-T_H}{T_G}=\varphi_{max}\eta_c \tag{3-17}$$

式中：η_c——在高温热源 T_G 与低温热源 T_L 之间实现卡诺循环时的效率；

φ_{max}——在热用户与低温热源之间压缩式可逆热泵的理想制热系数。

由于 $\eta_c<1$，因此，Ψ_{max} 必然要比 φ_{max} 小得多，只有它的 25% ~ 40%。这是由于两类热泵制热系数的分母项所代表的能量有质的区别。压缩式热泵消耗的全部是高级能，而吸收式热泵消耗的热能中，只有一部分是可用能。所以，不能简单地用该指标进行比较。

四、热泵的应用

（一）空气源热泵

空气是热泵的主要低温热源之一。建筑物内部排出的热空气也可以用作热泵的低温热源。当建筑物内某些生产、照明设备的散热量较多，具有足够的发热量需要排除时，可将这些热量作为热泵的低温热源加以利用，与采用室外空气作为低温热源相比，利用这种空气废热的热泵系统的制热系数更高。

使用空气源热泵必须考虑补充热源的问题。当室外温度降低时，空调热负荷会随大气温度的降低而提高，但热泵的制热系数却会随着大气温度的降低而下降，也即热泵的供暖能力下降。需要用其他辅助热源补充加热量，弥补热泵的这种供需不平衡。另外，还要考虑热泵的除霜问题。冬季空气温度很低，当空气源热泵的室外换热器表面温度低于0℃时，空气中的水分就会在换热器表面凝结成霜，导致空气源热泵的制热系数进一步降低。近年来的热泵应用情况证明，在我国长江流域中下游地区采用空气源热泵是成功的。

空气源热泵系统被广泛地用于住宅和商业建筑中。在该种热泵中，流经室外、室内换热器的介质均为空气。可通过电动或手动操作的四通换向阀进行换热器功能的切换，以使房间获得热量或冷量。在制热循环时，室外空气流过蒸发器而室内空气流过冷凝器。

以室内空气为低温热源的热水装置，压缩机排出的高温高压工质气体进入热水箱中的冷凝器放热，加热热水，出冷凝器的工质液体经节流阀降压降温后，进入蒸发器吸收室内空气的热量，工质变为低压低温气体后进入压缩机开始下一个循环。

实际装置中的冷凝器可置于热水箱内，也可缠绕于热水箱的内壁外、保温材料内。前者传热效果好，但当自来水水质不太好时，则可能出现腐蚀、结垢现象，且一旦发生工质泄漏，则会在热水箱内形成高压，故必须在热水箱上装设安全泄压阀；后者的加工制作要求较高，传热略差，但安全性较好，腐蚀的危险性较小。

（二）水源热泵系统

1. 地表水系统

按照水源侧环路的闭合状态，地表水源热泵系统可以分为开式和闭式两类。开式系统是从湖底或河流的一定深度抽水，送入机组换热器或中间换热器与循环介质换热，换热后在离取水点一定距离处排放。闭式系统是将换热盘管放置在水体底部，通过盘管内的循环介质与水体进行换热。在冬季气温较寒冷的地区，为了防止制热时循环介质冻结，一般采用防冻液作为循环介质。

对于江河等流动水体，由于换热盘管无法在水体中加以固定，一般常采用开式系统。在一些特殊的场合，如利用水下沉箱等装置来固定换热盘管，也可以采用闭式系统。对于相对滞留的水库或湖体等水体，既可以采用闭式系统，也可以采用开式系统。

系统的选择根据水温、水质等具体情况进行确定。开式系统对水质有较高的要求，否则换热器容易结垢、腐蚀及滋长微生物。开式系统需要将地表水提升到一定的高度，因此其水泵的扬程高，但换热效率也高。开式系统的初投资低，适合容量较大的系统，如区域供暖供冷系统等。在冬季气温较寒冷的地区，闭式系统要考虑制热时循环介质冻结问题，一般采用防冻液作为循环介质。

在开式系统中，按照水源侧和机组换热方式的不同，又可分为间接式和直接式两类，其主要区别就是在热泵机组与低温热源之间是否安装换热器。安装了换热器的系统就是间接式系统，没有安装换热器的系统就是直接式系统。在相同条件下，直接式地表水系统的制热及制冷效率比间接式系统高，因此，在条件允许时应尽量采用直接式地表水系统。

为保证系统的安全和节能，地表水系统常与辅助系统相结合，如与冷却塔系统、冰蓄冷系统及辅助加热系统等结合，统称为复合式地表水系统。

2. 地下水源系统

地下水源热泵系统（GWHPs）是采用地下水作为低品位热源，通过少量的电能输入，利用热泵实现热量由低温向高温的转移，达到为使用对象供暖的一种系统。地下水源热泵系统适合地下水资源丰富且允许开采的场合。

由于地下水的温度恒定，与空气相比，冬季的水温较高，夏季的水温较低。另外，相对于室外空气来说，水的比热容大，传热性能好，所以热泵系统的效率较高，仅需少量的电量即能获得较高的热量或冷量，通常的比例能达到 1 ： 4 以上。

根据地下水是否直接流经水源热泵机组，地下水源热泵系统可分为两种：直接式地下水源热泵系统和间接式地下水源热泵系统。在间接式地下水源热泵系统中，地下水流经中间换热器与建筑物内循环水换热后，回到同一含水层。这种系统可以避免地下水对水源热泵机组、水环路及附件的腐蚀与堵塞，可减少外界空气与地下水的接触，避免地下水氧化，还可以方便地通过调节井水流量来调节环路中的水温，等等。当地下水量充足、水质好、具有较高的稳定水位时，则可以选用直接式地下水源热泵系统。

3. 海水源系统

海洋是一个巨大的可再生能源库，进入海洋的太阳辐射能除了一部分转变为海流的动能外，更多的是以热能的形式储存在海水中。与空气相比，海水的热容量大，为 3996kJ/（m^3 • ℃），空气的热容只有 1.28kJ/（m^3 • ℃），非常适合作为热源使用。另外，虽然海水温度在一定深度时会随季节发生变化，但当深度超过 700m 时其温度基本不变，常年维持在 6 ~ 7℃，因此在特定条件下海水也是很好的天然冷源。

目前，海水资源在暖通空调上的应用形式主要有两种，一种是海水源热泵系统（SWHP），另一种是深水冷源系统（DWSC）。两种应用方式在工作原理、系统组成和对海水的需要条件等方面都存在差异，但在某些条件下也可以联合使用。

SWHP 的工作原理是夏季热泵用作冷冻机，海水作为冷却水使用，冷却系统不再需要冷却塔，这样会大大提高机组的 *COP* 值。据测算，冷却水温度每降低 1T，可以提高机组制冷系数 2% ~ 3%。冬季通过热泵的运行，提取海水中的热量供给建筑物使用。供暖和供冷使用一套管网系统，主要由海水取、泄放系统，热泵，冷冻水（供暖）分配管网和换热器（根据海水是否直接进入热泵确定有无）等组成。这种系统把海水当作冷、热源，部分甚至全部取代传统空调和供暖系统中的冷冻机和锅炉。在瑞典、挪威等欧洲国家，这种系统应用较多。

DWSC 的工作原理是利用一定深度海水的常年低温特性，夏季把这部分海水取上来在换热器中与冷冻水回水进行热交换，制备温度足够低的冷冻水以供建筑物使用。系统主要由海水取、泄放系统，换热器和冷冻水分配管网构成。这种系统仅把海洋作为冷源来使用，可以部分或者全部取代传统空调系统中的冷冻机，在美国、加拿大等美洲国家应用较多。

不论是通过换热器利用海水的冷量，还是通过热泵将海水的热量进行转换，得到的热水或冷冻水都可以通过建筑内部的管道系统输送到空调器内，建筑的冷、热负荷最终将被转移到海水中。

海水空调设计时首先要考虑 SWHP 和 DWSC 的结合形式。在过渡季和夏季部分负荷时可以利用海水直接供冷，在峰值负荷的时候运行热泵。冬季切换部分阀门，热泵按照制热模式进行区域供暖。夏季联合运行系统设计形式在热泵供冷运行时，将海水作为冷却水使用，充分利用海水的自然温度条件，是节能运行的最佳模式。

4. 污水源系统

按工艺流程，污水源热泵系统可分为开式与闭式两类。开式与闭式是以进入热泵机组的载热水体是闭式循环还是开式循环而定义的。当源水直接进入热泵机组的蒸发器或冷凝器时称为开式系统，若通过二次换热以中介水进入蒸发器或冷凝器时则称为闭式系统。在开式系统中，污水经过防阻设备或防阻工艺处理后，直接进入热泵机组的蒸发器或冷凝器。这类系统适用于已经处理过的城市污水及工业企业废水等。采取防阻措施可以避免管路与设备短时间阻塞（若连续运行，通常在 3 ~ 10d 内出现堵塞现象），还需要采取防腐蚀措施，如使用钛质、镀钛、镀铝或钛镍合金换热管等。

在闭式系统中，污水经过防阻设备或防阻工艺处理后，进入换热器，在换热器内将冷热量传递给洁净的载热水体，洁净的载热水体再进入热泵机组的蒸发器，并形成闭式环路。

闭式系统可用于未处理过的城市污水（又称原生污水）等。这类水源含有大量的悬浮物（2% 以上），同时含有大量的溶解性有机物，水质恶劣。需要采取高效的防阻措施，以避免管路与设备的瞬时阻塞。

（三）土壤源热泵

土壤的蓄热性能好，温度波动小，是热泵的一种良好的低温热源。由于土壤温度有延迟性，当室外空气的温度很低时，土壤层内具有较高的温度，且温度较为稳定，因此把土壤作为热泵的低温热源，与空气源相比更能与建筑物热负荷较好地匹配。部分人认为，土壤源热泵是地热利用技术之一。在短短十多年的时间里，我国地源热泵在浅层地热利用方面已跃居世界第二位。

土壤源热泵系统主要由三部分组成：室外地热能交换器、水 / 空气热泵机组或水 / 水热泵机组、建筑物内空调末端设备。一般情况下，室外地热能交换器采用土壤－地埋管换热器。在冬季，热泵机组制热运行。水或防冻水溶液通过地埋管换热器吸收土壤热量，在循环水泵的作用下流经蒸发器，将热量传递给工质。在冷凝器中，工质将从土壤源吸收的热量，连同压缩机消耗的功所转化的热量一起供给室内空气。

土壤源热泵系统的整体性能与土壤的热物理性密切相关。土壤的热物理性能主要由土壤的初始温度、土壤的热导率和土壤的比热容来描述。土壤热物理性能参数的正确获得是决定整个土壤源热泵系统经济性和节能性的关键。

地埋管换热器有水平和竖直两种埋管方式。当可利用的地表面积较大、浅层岩土体的温度及热物理性能受气候、雨水、埋设深度影响较小时，宜采用水平地埋管换热器。反之，宜采用竖直地埋管换热器。在没有合适的室外用地时，竖直地埋管换热器还可以利用建筑物的混凝土基桩埋设，即将 U 形管捆扎在基桩的钢筋网架上，然后浇灌混凝土，使 U 形管固定在基桩内。

影响地埋管换热器性能的因素有很多，包括地下水流动、回填材料的性能、换热器周围发生相变的可能性以及沿管长岩土体物理性能的变化等。因此，如何完善地埋管换热器的传热模型，使其更好地模拟地埋管换热器的真实换热情况，确定最佳地埋管换热器的尺寸，是发展和推广地埋管热泵系统的关键。由于多孔介质中传热传质问题的复杂性，国际上现有的地埋管换热器传热模型大多采用纯导热模型，忽略了多孔介质中对流的影响，可分为两类。第一类是以热阻概念为基础的半经验性设计计算公式，主要用来根据冷、热负荷估算地埋管换热器所需埋管的长度。第二类是以离散化数值计算为基础的传热模型，可以考虑比较接近现实的情况，用有限元或有限差分法求解地下的温度响应并进行传热分析。

（四）余热热泵

余热式热泵主要有压缩式余热热泵、吸收式余热热泵和压缩吸收式余热热泵等。

1. 压缩式余热热泵

压缩式热泵的工质与制冷机的工质大致相同，但是，由于工作温度范围不同，系统的工作压力也不同。并且，一般的制冷工质所能承受的最高温度在 100℃左右，对 150℃以上的高温热泵，需要采用特殊的工质，例如，氟利昂与油的混合物等。

2. 吸收式余热热泵

吸收式余热热泵可分为两类，即第一类吸收式热泵和第二类吸收式热泵。第一类吸收式热泵消耗的是高温热能，其温度高于热用户要求的温度，如高温烟气或蒸汽等。高温热能提供给发生器。第二类热泵是利用温度较低（如 70 ~ 80℃）的余热作为热源，经热泵工作后，提供温度水平更高的热能（如 100℃）给热用户。

第五节　太阳能供暖设备

太阳能是没有地域限制的能量，是最清洁的能源之一。太阳能的开发与利用不会污染环境，是节能环保、提高生活质量以及实现节能型社会的重要举措。

一、太阳能概述

（一）太阳辐射的基本概念

太阳是一颗距离地球平均距离为 1.5×10^{8}km 的恒星，其形态是一个炙热的气态球体，直径约为 1.39×10^{6}km，质量约为 2.0×10^{27}t、是地球的 33 万倍，体积是地球的 130 万倍，而平均密度大约是地球的 1/4。太阳的主要成分是氢和氦，其中氢的体积占太阳体积的 78.4%，氦占 19.8%，氧、氮、硅、硫、钙、铁、钠、铝、镍、锌、钾、锰、铬、钛、铜、钒等 60 余种元素约占 1.8%。

太阳表面的有效温度为 5762K，而中心区域的温度则高达（8 ~ 40）$\times10^{6}$K，内部压力约为 3.4×10^{11} 标准大气压。在高温高压条件下，太阳内部的组成成分呈离子状态，其中，质子间高速相互碰撞，发生聚核反应，由 4 个质子聚合为一个氦核，并释放出大量的热，这构成了太阳能的来源。太阳每秒有 657×10^{6}t 氢通过热核反应变成 657×10^{6}t 氦，并产生 391×10^{21}kW 的能量，其中 173×10^{12}kW 的能量以电磁波的形式辐射到地球表面。根据当前的数据计算，太阳中氢的储量可以维持 600 亿年，因此相对人类生存的能量需求而言，太阳能是一种取之不尽、用之不竭的可再生清洁能源。

由前述可知，太阳并不是一个恒定温度的黑体，由于其不同层温度差异非常大，因而它是一个具有多层不同波长辐射、反射和吸收综合作用的辐射体，而且其超短波和超长波部分辐射光谱强度分布随时间略有变动。然而，一般在太阳能热辐射利用系统中，将太阳看作一个温度为 5762K 的黑色辐射体。

太阳辐射能常用辐射通量、辐照度和曝辐射量等表示。辐射通量是指太阳以辐射形式发出的功率，单位为 W；辐照度是指投射到单位面积上的辐射通量，单位为 W/m^2；曝辐射量是指从单位面积上接收到的辐射能，单位为 J/m^2。由于大气层的存在，到达地球表面的太阳辐射能和多个因素有关，如太阳高度、大气质量、大气透明度、地理纬度、日照时间和海拔等。太阳高度常用太阳光线和地平线的夹角（入射角）来表示。由于地球的自转及其绕太阳公转的影响，太阳高度在每天的不同时刻及春夏秋冬不同季节都会随时间变化。另外，太阳入射光线与海平面法线夹角称为天顶角，用 θ 表示。可见，太阳高度角与天顶角之和为 90°。

根据太阳本身的特征及其与地球之间的空间关系，到达地球大气层上界的太阳辐射通量几乎是一个定值，从而引出太阳常数这个太阳辐射能计算中的重要参数。太阳常数是指在平均日地距离时，地球大气层外垂直于太阳辐射的单位面积上单位时间内所接受到的太阳辐射能，记作 G_{sc}。太阳常数 G_{sc}=（1367 ± 7）W/m^2。一年内太阳常数的变化波动约为 $\pm 7W/m^2$，这通常是由日地距离的变化引起的。则地球大气层外界某水平面上单位面积所接受到的太阳辐射能可表示为

$$G_0=G_{sc}f\cos\theta \tag{3-18}$$

式中：f——考虑地球绕太阳运行轨道的椭圆形而加的修正系数，f=0.97 ~ 1.03；

θ——天顶角。

太阳直射辐射能在穿越大气层到达地球表面时将会被衰减：一方面由于大气中的 O_2、O_3、H_2O（气）、CO_2 等对太阳辐射的吸收，另一方面由于大气中的空气、水蒸汽以及灰尘等对太阳辐射的散射和反射。衰减程度与太阳光线在大气中的行程长度、大气的成分及被污染的程度相关，而光线行程长度又取决于一年四季的日期、一天的时间以及所在的纬度等因素。通常用大气质量来表示太阳辐射在大气层中穿越的距离，是指太阳光线穿过地球大气层的路径与太阳光线在天顶方向时穿过大气层的路径之比，记作 m，并假定在标准大气压和 0℃时海平面上太阳光线垂直入射的路径为 1，那么当天顶角为 θ 时 $m=1/\cos\theta$。

在整个太阳光谱范围内，大气中的灰尘等悬浮颗粒对太阳辐射都具有吸收作用。经过大气层的吸收、散射和反射之后，到达地球表面的太阳辐射相比大气层外缘削弱很多。在夏季理想的大气透明度条件下，中午前后到达地面的太阳辐射为 $1000W/m^2$ 左右。当太阳高度为 90° 时，到达地球表面的太阳辐射中红外线占 50%、可见光占 46%、紫外线占 4%；

当太阳高度为30°时，太阳辐射中红外线占53%、可见光占44%、紫外线占3%；当太阳高度为5°时，太阳辐射中红外线占72%、可见光占28%，紫外线接近于0。

（二）太阳能的利用方式

太阳能的利用方式主要包括光热转换、光电转换以及光化学利用、光生物利用四个领域。目前，已形成规模化利用的主要有光热转换和光电转换。

太阳能光热利用是指太阳辐射能通过与工质（主要是水或者空气）的相互作用转换成热能加以利用。根据所能达到的温度和用途，一般可分为以下三类。

（1）低温利用（＜200℃）有太阳能热水器、太阳能干燥器、太阳能蒸馏器、太阳房、太阳能温室、太阳能空调制冷系统等应用形式。

（2）中温利用（200～800℃）有太阳灶、太阳能热发电、聚光集热装置等应用形式。

（3）高温利用（＞800℃）如高温太阳能炉等。

二、太阳能集热器

太阳能集热器是用于吸收太阳辐射能并将产生的热能传递到传热工质的部件，是组成各种太阳能热利用系统的关键部件。根据集热器所采用集热技术和方法的不同，可以将集热器区分为不同类型，目前应用最多的太阳能收集装置主要有非聚光型的平板集热器、真空管集热器以及聚光型集热器三种。

（一）非聚光型集热器

非聚光型集热器主要有平板集热器和真空管集热器。

1. 平板集热器

平板集热器于17世纪后期发明，但直至20世纪60年代以后才真正得到研究和规模化应用，具有采光面积大、结构简单、可靠性高、成本低、运行安全、免维护、使用寿命长等特点，是当今世界太阳能市场上应用最为广泛的集热器产品。由于其直接接收太阳光的直射辐射和散射辐射而不采用附加的聚光装置，导致其热流密度和工质温度都比较低，因此，平板集热器主要是太阳能低温热利用系统中的关键部件，其技术经济性能远比聚光型集热器好。目前，国内外使用比较普遍的是全铜集热器和铜铝复合集热器。

平板集热器的部件主要包括：吸热部件、透明盖板、隔热保温材料、外壳四部分。

（1）吸热部件。吸热部件包括吸收表面和与吸收表面结合良好的载热流体管道。太阳辐射穿过透明盖板投射到吸收表面上，光能被转换为热能并被传递给载热流体，从而使载热流体温度升高，对吸热部件的技术要求如下。

第一，对太阳辐射的吸收比高。吸收表面需经特殊处理或涂选择性涂层，从而提高太阳辐射的吸收效率。选择性涂层对太阳的短波辐射具有很高的吸收率，而本身对长波辐射的发射率较低，这样既保证了吸收更多的太阳辐射能，同时又减少了自身的辐射热损失。

第二，热传递性能好。吸热部件吸收的太阳辐射热量能最大限度地传递给传热工质。

第三，与工质的相容性好，耐蚀性好。

第四，应具有一定的承压能力。

第五，加工工艺简单，适用于批量生产及推广应用。

（2）透明盖板。为了减少集热板与环境之间的对流和辐射热损失，需要在集热器的上表面安装透明盖板，同时这也可保护集热板不受雨、雪、灰尘的侵袭。透明盖板应具有较高的太阳光透射率以及尽可能低的红外辐射透射率，从而可以在保证集热器高效集热的同时降低热损失。对透明盖板的技术要求如下。

第一，对太阳辐射具有较高的透射比，能尽可能多地透过太阳辐射。

第二，对红外长波辐射具有较低的透射比，可以阻止吸热部件升温后对环境的辐射散热。

第三，热导率小，可以减少集热器与外界环境的对流换热损失。

第四，冲击强度高，能保护集热器不受雨、雪、冰雹、灰尘的侵袭。

第五，耐候性好，经得起各种气候条件的长期侵蚀。

第六，透明盖板的材料主要有两大类：平板玻璃和钢化玻璃。

第七，为提高集热器效率，有时可采用两层盖板。一般情况下，很少超过三层。因为，随着层数的增多，虽然可以减少集热器的对流和辐射散热损失，但同时也大幅度降低了实际有效的太阳透射比。

（3）隔热保温材料。隔热保温材料的作用是减少集热器的侧面和背面向周围环境的散热损失。通常在隔热保温材料的热导率越大、集热器工作温度越高、环境温度越低的情况下，隔热层应越厚一些。

（4）外壳。外壳是整个集热器的骨架，用于承载其他部件并便于安装，因此它应具有一定的机械强度、良好的水密封性能和耐蚀性，用于集热器外壳的材料一般有铝合金板、不锈钢板、碳铜板、塑料、玻璃钢等。

2. 真空管集热器

真空管集热器是在平板集热器的基础上进一步发展而来的。由于平板集热器玻璃盖板与吸热板之间会不可避免地存在空气，研究表明，这个夹层中的空气对流热损失是平板集热器散热损失的主要部分。一般而言，由于平板集热器内部难以抽成真空，为了减少平板集热器的散热损失，提高集热温度，国际上于20世纪70年代研制成功真空集热管，其吸热体被封闭在高真空的玻璃真空管内，大大提高了热性能。所谓真空管集热器，就是将吸热体与透明盖板之间的空间抽成真空的集热器。真空集热管可分为全玻璃真空集热管、玻璃-U形管真空集热管、玻璃—金属热管真空集热管、直通式真空集热管和贮热式真空集热管等类型。

全玻璃真空太阳能集热管的结构包括内玻璃管、外玻璃管、选择性吸收涂层、弹簧支架、消气剂等部件。其一端开口，将内玻璃管和外玻璃管的一端管口进行环状熔封；另一端都密封成半球形的圆头，内玻璃管采用弹簧支架支撑，而且可以自由伸缩，以缓冲热胀冷缩引起的应力；内外玻璃管之间的夹层抽成高真空。内玻璃管的外表面涂有选择性涂层。弹簧支架上装有消气剂，它可以吸收真空集热管运行过程中产生的气体，从而保持管内的高真空度。将若干支真空集热管组装在一起，即可构成真空管集热器。

（二）聚光型集热器

前述平板或真空管集热器所能获得的热能量很大，但品质并不高。而聚光型集热器是通过聚光器以反射或折射的方式将太阳光集中投射到接收器上，并转换为热能，由换热介质带走，可以获得非常高的热流密度及较高温度，从而为太阳能的中、高温热能利用提供更为有利的条件。聚光型集热器主要由聚光器、吸收器和跟踪器三大部分组成。按照聚光器原理区分，聚光型集热器又可以分为反射聚光和折射聚光两大类型。在反射式聚光型集热器中应用较多的是旋转抛物面镜集热器（点聚焦）和槽式抛物面镜集热器（线聚焦）。这两种集光型集热器得到了较快发展与改进，如提高反射面加工精度、研制高反射材料、开发高可靠性跟踪机构等。

由于大多数聚光型集热器只能收集直射辐射，而损失了散射辐射；另外，还有额外的光学损失。所以，在具体应用上，聚光型集热器必须选择太阳直接辐射资源比较丰富的地区。相对非聚光型集热器，聚光型集热器都需要跟踪机构，所以控制复杂、成本较高，这些方面还需要进一步改进。

聚光型集热器的形式很多，目前主要有槽式聚光型集热器系统、塔式系统和蝶式系统，主要应用形式有太阳灶、聚光型的太阳能干燥器、太阳能热发电系统以及高温太阳炉等。

三、太阳能供暖装置

（一）太阳能热水器

目前，世界范围内太阳能利用的主要方式是太阳能光热利用，太阳能热水器是太阳能光热利用技术最为成熟的产品。

太阳能热水器主要由集热器、储热水箱、循环水泵、管道、支架、控制系统及其相关附件组成。太阳能热水器按所采用的集热器类型不同，可分为闷晒式太阳能热水器、平板型太阳能热水器、真空管太阳能热水器等。

1. 闷晒式太阳能热水器

闷晒式太阳能热水器的特点是集热器与储热水箱合二为一。一般来说，只要是具有一定吸热能力的、可以盛水的容器，都可以用来制作闷晒式太阳能热水器。集热器中盛满水，在太阳光的照射下，太阳辐射能被转换为热能，同时被水吸收，从而使水温升高。这种热水器结构简单、使用可靠、易于推广；其缺点是保温性能差、散热损失大，热水保温时间短，冬季室外温度低于零度时，需要注意防冻问题。闷晒式集热器有塑料袋式、池式、筒式等结构形式。

2. 平板型太阳能热水器

采用平板集热器、集热器和水箱结合紧密，上下循环管很短，不仅节省材料，而且减少了管道散热损失。此外，水箱的前侧板还能对太阳光起反射作用，从而增强了通过盖板的太阳能辐射通量，有利于集热器整体热效率的提高，集热器的采光面积一般是 1 ~ $4m^2$。

3. 真空管太阳能热水器

真空管太阳能热水器的关键部件是真空管集热器，真空管集热器又可以分为全玻璃真空管集热器和热管真空管（玻璃和金属结合）集热器两种。这种热水器制造安装过程中，真空集热管与水箱内胆一般会用硅橡胶密封圈进行密封，以防漏水；与水箱外壳的连接则采用抗老化橡胶或塑料密封，以减少散热损失。

（二）太阳能供暖系统

1. 太阳能供暖系统组成

太阳能供暖系统是通过将太阳辐射能收集转换为热能的转换系统，用于满足建筑物冬季供暖和生活热水等热负荷需求。太阳能供暖系统主要由集热系统、蓄热系统、供暖子系统和辅助热源系统等部分组成。

（1）集热系统。集热系统主要由太阳能集热器及其循环管路构成，是太阳能供暖系统的核心部件。集热系统的作用主要是收集太阳光的辐射能量，并转换为热能，再通过循环管路将获得的热能传递给蓄热系统储存起来，以备向建筑提供供暖和生活热水所需的热量。

（2）蓄热系统。受地理环境及气象条件的影响，太阳能存在间歇性、不稳定性和地区差异等特点。集热系统一般仅能在白天光照条件较好的时段工作，而建筑的热负荷需求则是全天都存在的，为了能连续不断地向建筑物提供热量，需要在太阳能供暖系统中设置蓄热系统，从而解决集热与供暖之间的时间差问题。

（3）供暖子系统。供暖子系统是向建筑物供暖或提供生活热水的末端设备。通常条件下，太阳能集热、蓄热系统可以获得 60 ～ 70℃的热水，而低温地板辐射供暖技术需要的热水温度不超过 60℃，因此，其可与太阳能供暖系统联合应用，以满足建筑物的供暖需求。

（4）辅助热源系统。同样为避免由于天气等条件限制使太阳能集热系统所获得的热量不能满足建筑物热负荷的需求，需要在系统中设置辅助热源，如可设置电加热、燃气或燃油锅炉等。

2. 太阳能供暖系统的优点

太阳能是清洁无污染的可再生能源，取之不尽、用之不竭，尽管太阳能的利用受到天气、气候等因素的限制，具有间断性和不可靠性等特点，但如果在系统设计中采用合理有效的技术措施，则完全可以实现扬长避短，满足建筑物供暖及生活热水负荷需求。这种供暖系统不仅可以实现集中供暖，而且可以面向热网不能达到的单体建筑，如果能大范围推广应用，必将对于缓解能源危机、降低温室气体等污染物的排放，实现建筑领域的节能减排及可持续发展具有深远的意义。

（三）太阳能供暖系统分类

太阳能供暖系统的设计涉及许多因素，如热量的储存方式，采用贮水箱的个数，储热介质回路的设计，使用换热器的形式，贮水箱进口处的形状和流量，所用热分层器的形状和所有部件的尺寸，等等。综合上述各种因素，可以按照太阳能集热器所收集热量的储存方式和太阳能集热器与辅助加热器在供暖系统中的关系进行分类。

1. 按太阳能集热器所收集热量的储存方式分类

按集热器收集到热量的储存方式，系统可以分为下列几种。

A——没有供暖用的贮水箱。

B——贮水箱的热分层利用多个贮水箱，或利用多个进出口，或利用一个控制进出口流量的三通阀来实现。

C——贮水箱的热分层利用贮水箱内的自然对流来实现。

D——贮水箱的热分层利用贮水箱内专门设置的热分层器及利用贮水箱内的自然对流来实现。

B/D——B 和 D 的结合，贮水箱的热分层利用贮水箱内的热分层器、自然对流及多个贮水箱（或多个进出口或一个控制进出口流量的三通阀）来实现。

2. 按太阳能集热器与辅助加热器在供暖系统中的关系分类

按太阳能集热器与辅助加热器在供暖系统中的关系，系统可分为下列几种。

M——混合方式，即太阳能集热器和辅助加热器同时与同一个贮水箱连接，供暖回路由此贮水箱供暖。

P——并联方式，太阳能集热器和辅助加热器以并联方式交替向供暖回路供暖。

S——串联方式，即太阳能集热器和辅助加热器以串联方式向供暖回路供暖。

任何一个太阳能供暖系统的类型，都可以用上述两种分类方法中的不同组合来表示。

（1）直接太阳能地板（AP）系统。该系统不设供暖用贮水箱，只有生活热水用的贮水箱；供暖地板同时和太阳能集热器和辅助加热器并联连接；当把太阳能集热器收集的热量提供给地板供暖时，如果室温达到所设定的温度（比设计室内温度高 43℃），就关掉集热器回路的循环泵；当把辅助能源提供的热量提供给地板供暖时，一旦室内温度超过设定温度 0.5℃，就要关掉供暖回路的循环泵；太阳能集热器收集的热量在供暖负荷和生活热水负荷之间达到最优化的分配。

（2）集热器回路与供暖回路通过换热器相连的（AS）系统。该系统是改进设计的标准太阳能热水系统，为了给供暖系统提供更多热量，太阳能集热器采光面积较大；没有供暖用的贮水箱，只有生活热水用的贮水箱；贮水箱内设有两个换热器，底部的换热器跟太阳能集热器连接，顶部的换热器跟辅助加热器连接。

当太阳能集热器的出口温度高于供暖回路的回水温度（或者高于贮水箱的底部温度）时，集热器回路的循环泵就启动；当太阳能集热器的出口温度低于贮水箱的底部温度（或者贮水箱的顶部温度高于设定温度）时，调节三通阀，使太阳能集热器收集的热量直接传递给供暖回路；当贮水箱内的生活热水温度太低时，开启两通阀，使辅助加热器产生的热量传递到贮水箱中。

由于该系统没有供暖贮水箱，因此室内温度的变化较大，这种系统最好和热容量较大的供暖地板联合使用。

（3）系统中设置供暖和生活热水两个贮水箱的（BM）系统。该系统设置了两个贮水箱，分别贮存供暖热水和生活热水，两个水箱的尺寸大小可以单独选择；供暖贮水箱的热分层利用三通阀来实现，它将太阳能集热器提供的热水引入供暖贮水箱的中部或顶部；供暖贮水箱的上部跟辅助加热器连接；水泵使供暖贮水箱的热水通过生活热水贮水箱内的换热器，加热生活热水。

当太阳能集热器的出口温度高于贮水箱底部的温度时，就启动集热器回路的循环泵；当与太阳能集热器连接的换热器的出口温度高于供暖贮水箱的底部温度时，就启动换热器回路的循环泵；三通阀的运行是根据换热器的出口温度高低来控制的，当生活热水贮水箱的温度低于设定温度或者当供暖贮水箱的温度足够高时，就启动生活热水循环泵；当供暖贮水箱的温度低于设定温度时，就启动辅助加热器。

（4）供暖贮水箱内装有两个热分层器的（DM）系统。该系统的供暖贮水箱内装有两个热分层器，用于增强贮水箱内的热分层；太阳能集热器提供的热量，通过浸没在供暖贮水箱中的低流量换热器传递给供暖贮水箱；水泵使热水在供暖贮水箱和外部板式换热器之间进行循环来加热生活热水。

通过控制集热器回路中循环泵的运转速度，可使供暖贮水箱的温度达到最优，并可使太阳能集热器内的流量保持在最小值，以确保集热器有良好的传热效果；通过控制板式换热器初级回路中循环泵的运转速度，可使生活热水的温度达到设定温度；通过由温控阀操纵的变速水泵，可以控制传递给供暖回路的热量，以节省水泵的能耗；根据供暖贮水箱的温度及所需的供暖回路的温度，可以调节辅助加热器的输出功率。

（四）太阳能季节蓄能集中供热系统

由于太阳辐射能量是随昼夜、天气状况、季节等因素变化的，大型太阳能系统要正常运行，必然要有蓄能装置。根据蓄存与使用能量的时间跨度，可分为太阳能昼夜（或短期）蓄能供热系统和太阳能季节蓄能供热系统。前者主要为住宅、旅馆、医院、办公楼等建筑提供生活热水。通常这种系统按提供 7 ~ 8 月生活热水负荷的 80% ~ 100% 设计，一般可提供全年热水负荷的 40% ~ 50%。后者主要提供区域建筑供暖和供应生活热水全年热负荷的 40% 以上。

太阳能季节蓄能集中供热系统由太阳能集热器、季节蓄能装置、辅助热源、换热器、太阳能管网、供热管网与用户末端等部分组成。

夏季太阳能集热器收集的热量除一部分供用户使用外，相当大的部分会通过换热器送入蓄能装置中储存起来；冬季则将季节蓄能装置中的热量提取出来，通过供热管网输送到用户末端。在这种系统中，太阳能通常提供全年热负荷的 40% ~ 70%，其余部分由辅助热源如锅炉、热泵等提供。这种系统实现了太阳能跨季节的储存与使用。

1. 热水蓄能

这种蓄能方式是在夏季将太阳的热量储存在钢罐或水池的水里，由于水的密度、比热容大，单位容积的蓄热量大，同时蓄热和取热的速度也快，因此，这是应用最多的一种季节蓄能方式。

2. 地下埋管蓄能

采用地下埋管蓄能与地源热泵系统的地下部分相似，将地下埋管放置在竖井里，夏季通过竖井中循环液的流动将太阳能量储存在地下土壤、岩石中，冬季用地下埋管中的循环液将热量从土壤、岩石中取出以供用户使用。竖井中的管子可采用单 U 形管、双 U 形管或套管。竖井的深度在 30 ~ 100m，在蓄热区的顶部敷设保温层以减少热量损失。

3. 含水层蓄能

含水层是由沙子、砾石、砂岩、石灰岩等高透水性物质构成的地下水位线以下的地质构造层。当这一地层的上、下两侧是不透水层并且地下水的流动速度较慢时，含水层可用作太阳能的季节蓄能介质。夏季将抽取上来的地下水经太阳能集热器加热后回灌到热水井中，冬季抽取热井水满足建筑供暖和生活热水的要求，然后将已经提取热量的冷水回灌到冷水井中。

4. 砾石水蓄能

砾石水蓄能也被称为人工含水层蓄能。它是在水池里铺设一层防渗塑料，在里面放入砾石、水等作为储热介质，在防渗塑料外侧铺设保温材料，太阳能可以直接或通过盘管间接存到蓄热槽中。

四、太阳能辅助热泵技术

太阳能辅助热泵技术是通过将热泵技术与太阳能利用技术结合而来的一种新型清洁能源转换技术，可以实现向建筑供暖和提供生活热水。其弥补了太阳能利用及热泵技术单独使用时的缺点，具有结构紧凑、形式多样、运行安全可靠、节能效果明显、使用寿命长等特点。同时，太阳能辅助热泵技术能够实现与建筑的一体化设计，极具开发和应用潜力。

根据集热介质的不同，太阳能辅助热泵一般分为直膨式和非直膨式两大类。在直膨式系统中，制冷剂作为太阳能集热介质直接在太阳能集热 / 蒸发器中吸热蒸发，然后通过热泵循环在冷凝器中释放热量给被加热物体。由于太阳能集热器与热泵蒸发器在结构和功能上都合二为一，使得太阳能集热温度与制冷剂蒸发温度始终相对应，即集热温度一直处于一个较低的温度范围内，从而可以获得非常高的集热效率。另外，随着制冷剂蒸发温度的提高，热泵机组的性能也得到很大提升。前已述及太阳能辐射条件受地理、天气、环境等多种因素影响，具有间歇性、非稳定的特点，这在一定程度上将影响太阳能辅助热泵系统的稳定运行，因此，如何保证系统的高效稳定运行是直膨式太阳能辅助热泵系统成功商业应用必须解决的难题。

非直膨式太阳能辅助热泵系统，与直膨式的主要区别在于热泵系统的制冷剂不直接在集热器中蒸发，太阳能集热器的工质主要采用水空气或防冻液等，工质在太阳能集热器中获得热量，并与热泵系统的蒸发器换热，从而提升热泵性能。根据太阳能集热循环与热泵循环的不同连接方式，非直膨式系统又可分为串联式、并联式和双热源式三种类型。

串联式是将太阳能集热循环与热泵循环通过蒸发器加以串联，蒸发器的热源完全来自集热循环所获得的热量。并联式系统中太阳能集热循环与热泵循环各自独立工作，向建筑提供热负荷需求，并且一般只有当太阳能集热循环所提供的热量不足时才会开启热泵机组，提供辅助热量。双热源式系统与串联式系统相似，只是增加了一个空气源蒸发器，从而使太阳能与空气热源二者互为补充。非直膨式太阳能辅助热泵系统的最大优点是在太阳能辐射条件较好时，可以直接利用太阳能集热循环向建筑供暖和生活热水，并不开启热泵机组，从而可以获得更高的经济性。而只有当太阳辐射条件较差时才开始热泵循环，从而保证系统工作的稳定性。与直膨式系统相比，非直膨式系统也存在规模较大、系统复杂、初投资较高等缺点，同时其集热循环还存在冬季防冻、夏季防止过热等问题。

近年来，越来越多的学者开始关注太阳能与土壤源热泵结合使用的系统，这是因为太阳能的利用在保证系统高能效比及维持土壤温度稳定性的同时，还能提供生活热水，这样就减少了系统的能耗，增加了其经济性和环保性。目前，太阳能—土壤源热泵复合式系统没有得到广泛的应用，还处于探索研究阶段。主要是因为复合式系统中，太阳能集热系统不同运行模式的切换方式及时间需要根据地理位置、气候条件及系统特点来确定，这样当气候条件、建筑特点发生变化时，之前的结论就不一定适用，所以至今很难获得普遍适用的结果。在太阳能—土壤源热泵复合式系统的研究中，主要是通过实验和模拟两种方法，结合不同运行模式对部件、系统的各个参数进行研究，分析系统经济性和环保性。

第四章
通风节能技术与应用

第一节　被动式自然通风

一、通风与节能

通风是用室外新鲜或未被污染的空气来置换或稀释室内被污染或不新鲜的空气的过程。通风的主要功能有：①提供人员呼吸所需的氧气；②稀释室内污染物或不良气味；③排除室内工艺过程中产生的污染物；④除去室内多余的热量（称余热）或湿量（称余湿）；⑤提供室内燃烧设备所需的氧气。其中，利用通风除去室内余热和余湿的功能是有限的（不同于空调），它受室外空气状态的限制。对于建筑来说，通风的作用就像人体中肺的功能，不可或缺。

无论通风系统形式如何，按空气流动的动力不同，通风可分为自然通风和机械通风。自然通风是指不借助机械设备而仅依靠建筑开口与外界实现空气对流的方式，它与建筑设计的关系经历了众多变更。在前工业化时期的建筑中，自然通风是一种自然而又必然的选择；工业化时期由于技术的进步，机械通风被认为是优越于自然通风的选择；当代节能的紧迫性则又进一步挖掘了自然通风的价值。目前，在建筑设计中自觉运用自然通风方式来改善室内空气环境是一种趋势。现代人类对自然通风的利用已经不同于以前开窗、开门通风，而是如何充分利用室内外条件，如建筑周围环境、建筑构造（如中庭）、太阳辐射、气候、室内热源、机械通风等，来组织和诱导自然通风。“生态气候学”和“建筑气候学”都从理论高度支持利用地方资源进行被动节能设计。当自然通风被冠以被动节能的定语后，即被动式自然通风，它的含义略有改变，特指包含被动节能策略的自然通风方式。通常包括两个部分：一是通过科学的设计，合理改造建筑设计，加强建筑内部通风换气，从而达到改善内部空气质量的目的，并进行被动制冷；二是采用被动方式，人为利用某些设备对进入空气进行预冷或预热的处理，从而有效地改善建筑内部的热环境。由此，被动式自然通风包含了三种被动节能方式：一是加强自然通风，从而实现被动制冷；二是对空气进行被动式预冷处理；三是对空气进行被动式预热处理。前两种都是被动制冷模式下的通风策略，第三种是被动预热模式下的通风策略。

与自然通风不同，机械通风是依靠风机为动力致使空气流动的。机械通风系统一般由风机、风口、净化设备和管道组成，它的通风量不受自然条件的限制，可以根据需要进行送风和排风，获得稳定的通风效果，但风机运行需要消耗能量。由于自然通风不易控制，而机械通风需要耗能，它们独自发展的潜力已非常有限。为了充分利用自然通风的节能性，同时随时保证室内环境的可控性，将自然通风和机械通风相结合的多元通风应运而生。

除了通风方式外，通风效率对建筑能耗也有一定的影响。通风效率是指实际参与工作区内稀释污染物的通风量与总通风量之比，它等于送、排风污染物浓度之差与送风、工作区污染物浓度之差的比，它表示通风系统排出污染物的能力。通风效果不仅与通风量有关，而且与通风效率有关，越高的通风效率需要的通风量越小。机械通风的通风量越小，则系统的初投资和风机运行能耗均可减少。

此外，提高风机效率，减小通风管的流动阻力以及有效控制通风系统的运行策略（例如，变风量），均有利于减少通风的能耗。

二、被动式自然通风的形式

（一）单侧通风

单侧通风通常是建筑物自然通风中最简单的形式，通过使用一扇窗户或者其他通风装置（如安装在墙上的微流通风器）来使室外空气进入建筑物，同时室内的空气从同一开口流出，或从同一墙面上的另一个开口流出。单侧通风的形式包括单侧单开口和单侧双开口。对于单侧单开口的房间，风压是主要驱动力，特别是对于开口很小的情形。单侧开口的最大有效通风进深大约为层高的 2 倍。对于单侧双开口的房间，热压作用协助了风压，使风量和进深有所增加，热压随着单侧开口的垂直距离和内外温差的增加而增加。单侧双开口的最大有效通风进深大约为层高的 2.5 倍。窗面积大约应为地板面积的 1/20。

（二）穿堂风

当室外空气从一侧的一个或多个开口流入房间或建筑物，而从另一侧的一个或多个开口流出房间或建筑物时，就会形成双侧通风或穿堂风。穿堂风中，空气的流动主要是由风压引起的，仅在进风口和出风口之间存在一个鲜明高度差的时候，热压的作用才会产生影响。用于穿堂风的开口可以是小开口，如微流通风器和格栅，或者是大开口，如窗户和门。穿堂风气流从一侧开始“清扫”房间直到另一侧，通风进深比单侧通风时要大，一般最大有效通风进深大约为层高的 4 倍。所以，这种通风方式更适用于进深较大的房间通风。一些开口应设置在迎风面，这样能够在入流开口和出流开口之间维持一个良好的风压差。房间内部的分隔物或其他的障碍物也会影响或干扰房间内的空气流动形式以及空气的渗透深度。

（三）烟囱通风

当建筑需要的通风量大于使用单侧通风或穿堂风能够满足的风量时，可以利用烟囱加强通风。这时，通风的主要驱动力是浮升力，而热压由室内外温差及烟囱的高度决定。烟囱效应的基本要求是烟囱内的空气被加热，内部温度高于外界温度，烟囱的主要功能仅是通风，尺寸可以仅迎合压降的需要，烟囱可以作为采光井、太阳吸收器等。烟囱可以是一个单独的烟囱，也可以是围绕建筑的几个小烟囱。如果建筑朝向繁华的街道，则可以把入风口放置在远离噪声和污染源的地方，而把烟囱放置在靠近街道侧。对于有高大空间如中庭的建筑物，具有大的温度分层，烟囱可以更方便地与中庭结合进行设置。

（四）太阳能通风

在不能很好地获得风压或者热压不足以提供所需风量的时候，太阳能通风则是一种可能的选择。太阳能通风依靠太阳辐射对建筑的一部分加热，从而产生大的温差，因此与传统的由内外温差引起空气流动的浮升力驱动策略相比，能获得更大的风量。基于这种目的的结构通常分为三种：特朗勃墙、太阳能烟囱、太阳能屋顶。

特朗勃墙由一面中等厚度的墙（热质体）以及外面包裹的一面玻璃组成，墙上开着一高一低两个开口，玻璃和墙壁之间 50 ~ 100mm 的空隙使加热后的空气在这个空间内上升。特朗勃墙传统上用于空间加热，采用的方式是空气从房间进入特朗勃墙壁底部，被加热，然后从高处返回房间，它是用于冬季加热房间空气的。然而，通过在玻璃上设置一个位于高处的外部开口，关闭通向房间的顶部开口，则这个装置就可以通过另一个开口将室外空气引入房间，将热空气通过特朗勃墙抽走，从而冷却房间。

太阳能烟囱的工作原理与特朗勃墙相似，紧贴在南向或西南向墙上的太阳能烟囱通过太阳辐射被加热，蓄存在该结构的热用于通风。被加热的烟囱通过将建筑物内部的空气引出，并将其从顶部排走的方式实现自然通风。室外的空气进入建筑物以更换内部热的、滞留的旧空气。常见的太阳能烟囱形式有墙体式结构、竖直集热板屋顶式结构、倾斜集热板屋顶式结构。另外，还有墙壁屋顶式结构、辅助风塔通风式结构等。目前，在欧美国家，太阳能烟囱已被应用于被动式太阳房，并成为太阳房的主要组成部分。

在太阳高度角大的地方，特朗勃墙或太阳能烟囱可能不是有效的太阳能集热器，可实现的通风量是有限的。这时倾斜的屋顶集热器可能会更有效地收集太阳能。屋顶集热器的优点在于可以利用一个大的表面积来收集太阳能，因此能达到更高的空气出口温度，根据设计形式以及室外气候，屋顶通风器可以获得接近太阳能烟囱的通风量甚至更高。

三、被动式自然通风的设计要点

自然通风受气候、季节、建筑周围微气候等因素的影响而难以控制，在使用时，需要进行控制优化，以实现最佳的通风效果，有时还需要借助相应的辅助设备加强自然通风效果。所以，在进行自然通风设计时，需要从以下几个方面考虑。

（一）气候策略

气候策略是指根据不同气候区的特点采用的不同通风设计策略。如在北方的寒冷地区，侧重于保温性与气密性，其通风量只需满足必要的换气量即可，因为过量的通风将会导致建筑大量失热，所以建筑通常采用热压通风，而不采用风压通风。而干热地区，室外温度过高，过量的通风一样有害无益，因此干热地区的自然通风和寒冷地区一样都需要减少通风量。与寒冷地区有所不同的是，干热地区的热压通风需要排除大部分太阳辐射，因此中庭在干热地区需要发挥“太阳烟囱”的作用，可以将高宽比设计得更大，从而充分利用烟囱效应来进行拔风。另外，干热地区空气干燥，湿度很小，需要在建筑内增加水体的设计并结合通风进行蒸发制冷和增加湿度，同时充分利用夜间通风来降温。在湿热地区主要的通风方式是风压通风，建筑呈现“开放式通风”特征。民居多为大屋顶，架空的干栏式，再配合深深的挑檐用来遮阳和诱导通风。通风策略以除湿为主要目的，降温则主要通过气流吹过人体产生蒸发散热来实现。温暖地区与温和地区的舒适度比较高，适合采用热压通风，可通过“烟囱效应”进行自然通风。

（二）建筑周围微环境预测与优化

1. 建筑物朝向、间距和布局

由于大气气流不稳定，作用于建筑物表面的风压大小与方向总是不断发生变化。因此，在进行风压通风建筑布置时，应根据当地的主导风向进行设计。从总图设计时，就需要考虑建筑物的朝向和排列。中国大部分地区的主导风向，夏季为东南风，冬季为西北风，所以坐北朝南的建筑更有利于风压通风。建筑群错列、斜列的平面布局形式相对行列式更有利于自然通风。建筑背风面存在回旋气流区，此区域不利于风压通风，且此区域中的污染物浓度相对较高，应尽量避免将其他建筑摆放于此区域内。对于建筑群，地形特征也会直接影响建筑周围的气流走向。

2. 植被和水体的布置

植被对建筑通风的影响主要表现在两个方面：首先，树木等植被的布置对气流会产生一定的阻挡、导流与缓和作用；其次，植被本身对空气质量与热舒适性有较强的改善作用。进风口附近的绿化，在夏季有鲜明的降温效果，而进风口的水体则可以起到降温与加湿的作用。

（三）风压和热压的设计与利用

风压通风设计时，当外界风速较高时，可以通过调节开口开度，减小通风量；但反过来，外界风速较小时，则有可能无法满足建筑的通风量要求。设计时建筑内部气流通道的设计原则是穿过建筑物的气流路径尽量短，途经的障碍物尽量少。热压通风设计时，热压换气量不足是最主要的问题。热压产生的流量大小主要受室内外温差及进出风开口之间有效高差的影响。室内外温差与开口之间高差越大，则热压通风产生的换气量越大。在设计中，提高室内外温差的方法常采用太阳烟囱，即通过玻璃幕墙利用太阳光加热室内的空气，最终达到提高室内外温差的目的；通过通风塔、天井等建筑设计，人为提高通风开口间有效高差，也是常用的热压通风手段。

（四）设备选型

为了进一步加大风压的作用效果，设计人员需要借助风压通风设备。建筑物的迎风面呈正压状态，背风面与顶部一般呈负压状态。在外界风的作用下，普通天窗迎风面的排风窗孔会发生倒灌，如果引入室内的气流风速大于 3m/s，将造成纸张飞扬，不利于工作与生活。

因此，为了保证天窗能稳定排风，不发生倒灌，须在天窗上增设挡风板，以保证在任何风向下，天窗帽都处于负压状态，这种天窗被称为避风天窗。在此基础上，有人提出可对倒灌的气流进行控制，减速后再引入室内。于是，就出现了一种有导向叶片的风帽。风帽的进风口与出风口方向会随导向叶片的旋转而旋转，以保持进风口面向迎风面，出风口面向背风面。

（五）控制策略

在前面的设计步骤全部完成后，设计人员需要根据实际情况，制定合理的控制方法，以保证系统运行的最佳效果，即自然通风控制策略。在不同的季节有不同的使用策略，同一天的不同时刻也有不同的使用方法。

四、被动式自然通风在现代建筑中的应用

现代建筑的自然通风设计多结合建筑的设计要求，选用适宜的技术措施与建筑设计结合，提高自然资源的利用效率，以创造舒适、健康、安全、节能的室内环境。

（一）利用风压的自然通风系统

利用风压进行自然通风的典范作品当属 Tjibaou 文化中心。Tjibaou 文化中心位于澳大利亚东侧的南太平洋热带岛国新喀里多尼亚，这里气候炎热潮湿，常年多风，因此，最大限度地利用自然通风来降温除湿，便成了适应当地气候、注重生态环境的核心技术。Tjibaou 文化中心背面指向主导风向，保持背面为正压区，在建筑内部安装了 1 套被动通风系统，能根据不同的风向和风速调节风叶方向和开度，从而控制室内气流，实现了完全被动式的自然通风，达到了节约能源、减少污染的目的。

（二）利用热压的自然通风系统

利用热压原理，建筑灵活设置中庭、通风塔、楼梯间，结合内部贯通空间，根据烟囱效应的拔风性，形成室内的自然通风系统。德国 Gelsenkirchen 科技园就是利用热压通风的典型实例。9 个研究用房沿一个长约 300m 的西向临湖拱廊依次排列。拱廊是一个设有商店和咖啡馆的公共场所，高三层，外侧为倾斜的玻璃墙面，拱廊的正面安装可随季节变化而自由调节的隔热玻璃。在拱廊中人们可以俯瞰整个湖泊。在冬季，可将低处的挡板关闭，这样拱廊便成为一个温室，有利于节约供暖能耗；在夏季，可将挡板滑向上方，就像是大型的上下推拉窗。这样，经过水面冷却的冷空气便可从玻璃墙面下部吹入拱廊内部，

而室内的热空气则由玻璃墙面与屋顶的接合处缝隙中排出。此外，地板下还设有调节室温的水冷系统，调节过程中被热空气加热的水在晚间则可向室内补充热能。

（三）风压与热压相结合实现自然通风

在建筑的自然通风设计中，风压通风与热压通风往往是互为补充、密不可分的。一般来说，在建筑进深较小的部位多利用风压直接通风，而进深较大的部位则多利用热压来达到通风效果。位于英国莱彻斯特的蒙特福德大学女王馆就是这方面的一个优秀实例。庞大的建筑分成一系列小体块，既在尺度上与周围古老的街区相协调，又能形成一种有节奏的韵律感，同时小的体量使自然通风成为可能。位于指状分支部分的实验室、办公室进深较小，可以利用风压直接通风；而位于中间部分的报告厅、大厅及其他用房则更多地依靠烟囱效应进行自然通风。同时，建筑的外围护结构采用厚重的蓄热材料，使建筑内部的热量降到最低。正是因为采取了这些措施，虽然女王馆建筑面积超过 10000m^2，但相对同类建筑而言，全年能耗却很低。

（四）带双层围护结构的自然通风系统

目前，高层建筑多采用双层外墙系统，以解决高层建筑通风问题。双层外墙系统形成空气间层，空气在其中可以流动，工作原理是利用空气腔里较低的气压把废气从房间抽出，在空腔内受太阳辐射后变热上升，从而带走废气和太阳辐射热。系统的效能受到下列因素的影响：自然通风 / 机械辅助通风的效率、玻璃种类及排列顺序、空气腔的厚度、遮阳装置的位置和面积等。这些因素的不同组合将提供不同的热、通风和采光效能。随着技术的发展，双层外墙系统日益完善，玻璃性能提高，遮阳设施改善再加上通风辅助设备，外墙系统如同生物缓冲层，在电子设备智能控制下，可自行调节，能同时满足建筑自然通风、自然采光的要求。双层幕墙系统最早期的应用实例如伦敦 88 伍德大道办公楼。大厦采用了双层幕墙系统，内外玻璃间留有 140mm 的空腔，空腔内配有遮光百叶，可以控制阳光的入射量。室内空气通过顶棚中的管道吸入空腔中，然后从屋顶排出，自然通风效果得以改善，达到了普通办公室的两倍。随着技术的发展和不断改进，双层系统的运用会越来越广泛。最新发展将光电电池、微型风扇装置、电子玻璃以及各种智能控制系统和幕墙结合起来时，双层幕墙系统不但能被动地适应环境，有利于高层建筑通风，还将成为建筑重要的能量来源。

（五）引入建筑绿化的自然通风系统

结合建筑构造技术，将绿色体系移植到建筑内部、表皮（包括外立面、屋顶），形成立体绿化模式，美化室内外环境，给建筑增添绿色生机，同时结合机械调控系统，在建筑内部形成良好的自然通风条件，并借助绿色植物的自我调节能力，改善室内空气质量。法兰克福商业银行总部大厦位于法国莱茵河畔，是第一座将自然景观引入超高层办公建筑的案例，在创造宜人室内空间的同时，也产生了良好的通风效果。该大楼平面呈三角形，三面围绕一个中央筒布置。福斯特设计了 9 个 14.03m 高的花园，沿 49 层高的中央通风大厅交替盘旋而上。螺旋上升的花园与中庭结合，形成类似风扇般的气流，带动建筑内部的空气流动，促进办公室自然通风。花园外侧为电控调节开启程度的双层玻璃幕墙，内侧面对大厅完全敞开，根据方位种植各种植物和花草，绿化的引入不仅创造了良好的室内景观，同时利用了植物自我调节能力，结合机械辅助设备，组织室内通风，改善建筑内部微气候。

第二节　多元通风

传统的建筑通风方式包括自然通风和机械通风，自然通风无能耗，但可控性差；机械通风可控性好，但需要消耗能源。多元通风，作为一门新兴技术，综合了自然通风和机械通风的优势，在满足室内控制要求的同时使用的能源较少，有望得到更大范围的应用。

一、多元通风的定义及分类

（一）多元通风的定义

多元通风，是一个能够在不同季节甚至同一天不同时刻利用自然通风和机械通风不同特性的系统。它的基本原理是通过利用计算机模拟技术和相应的控制方法实现两者的切换，在满足室内环境要求的同时尽可能地降低能源消耗。

国际能源组织 ANNEX35 课题是国际上最有影响的多元通风研究项目，该课题的科学家们从三个方面给多元通风下了一个定义。

1. 多元通风的定义

多元通风是一个可以控制的双方式通风系统，在保持可接受的室内环境和热舒适条件下能最大限度地减少能耗。这里的双方式则指自然和机械驱动力。

2. 通风的目的

所有的多元通风都是为了保证室内空气品质而提供空气，但同时又起到空气调节的作用而保持热舒适。

3. 控制系统的目的

控制系统的目的在于以可能的最低能量消耗达到所期望的空气流量和空气流动分布。

这个定义清晰地区分了通风和空调，同时也明确了通风的双重作用。通风的主要作用是保持良好的室内空气质量，而空调的主要作用则在于保持良好的热舒适条件。由于通风可以带走室内热量，同时增强人体表面的对流换热，因此通风也具有夏季风冷的作用。

多元通风系统与传统通风系统的主要区别在于多元通风的控制系统，它可以自动控制各个子系统的交互使用或者有机结合。

（二）多元通风系统的分类

将自然通风与机械通风结合在一起的方式有很多，目前可将多元通风系统分为三类。

1. 自然通风和机械通风交替运行

自然通风系统和机械通风系统相互独立，运行时根据控制策略在两者之间进行切换。

该多元通风系统的特点是：在自然通风得以允许的条件下，充分利用自然通风，此时的系统为自然通风系统；当自然通风条件不满足，或者单独依靠自然通风不能满足室内人员对热舒适度的要求时，关闭自然通风系统，而开启机械通风系统，自然通风和机械通风之间则无交集。例如，在过渡季节采用自然通风，在夏季和冬季则采用机械通风；在工作时间内采用机械通风，而非工作时间则采用自然通风。这种通风模式适用于四季分明的地区，但是很难把握两种通风系统交替的时间，设计和操作起来比较复杂，不方便住户自主控制。

2. 风机辅助式自然通风

以自然通风为主，当自然驱动力不足时，开启机械通风系统以辅助自然通风。在这种通风模式中，机械通风处于辅助地位，两者存在交集，主要适用于四季温和的地区。这类通风模式可以依据用户的要求单独设计和安装，形成小户型系统。和上述混合通风系统相比，用户可自主方便地进行调节，简单、易于设计和操作。

3. 热压和风压辅助式机械通风

此类多元通风系统和上述第二类刚好相反，其特点是利用最佳自然驱动力的机械通风系统，即以机械通风为主，自然通风系统则处于辅助地位。它适用于常年炎热或寒冷的地区。一般来说，这类系统通风模式更接近机械通风，一般设计时，可依照常用的机械通风系统进行，操作也比较简单。

二、多元通风的控制策略

一个好的多元通风系统应设计为既能全面利用自然条件，同时又能与机械装置有效结合的系统。这无疑需要一个智能控制策略来使两种系统结合后实现能耗最小、室内空气品质和舒适性最好。

根据控制手段不同，多元通风系统的控制包括自动和手动控制。多元通风系统的优点之一是用户满意率高，原因就在于多元通风能实现用户的个性化控制，即手动控制。同时也需要自动控制辅助用户获得舒适的室内气候以及在非工作时间接管控制室内气候。采用哪种控制方式，与具体的建筑类型和房间用途有关。例如，对于小型办公室，主要是在工作时间内采用手动控制，而在非工作时间内，采用自动控制来进行夜间通风降温，并防止过度降温；对于景观类型办公室，需要采用自动控制，而靠近工作区域的开口可进行手动控制，以满足工作人员的个性化需求；对于会议室，则主要采用自动控制。

根据控制目的不同，多元通风系统的控制策略包括以下几个方面。

（一）室内空气质量的控制

通常，CO_2是室内主要检测的污染物，根据需要可通过手动控制、定时控制或动态检测等手段进行通风，实现室内空气质量、热舒适、能耗、环境影响之间的最佳平衡。按需控制是实现室内空气质量控制的重要手段，对需要量检测的方法包括：CO_2传感器检测、红外线探测、现场检测等。室内空气质量的控制可以是自动的，也可以是手动的。最佳的策略应该是有一个能让工作人员调节工作区域环境的用户控制，并有自动控制辅助。

（二）热舒适的控制

工作时间内房间温度的控制是实现热舒适的必要条件，所以需要适时检测房间温度，并在其超出舒适度范围时，做出适时调整。房间温度的控制可以是手动的，也可以是自动的。虽然人对自身的热舒适有清晰的感受，但往往反应比较慢，这时候房间温度已在可接受的温度限制之上。所以，对房间温度的检测控制，主要以自动控制为主。

此外，制定多元通风系统的控制策略，应注意以下几点。

（1）自然和机械模式切换的控制随多元通风原理的不同而不同。对于风机辅助式系统，如果风机在自然通风通道内，则根据自然驱动力来控制风机的运行；如果风机平行于自然通风通道，则很难确定风机停止的时间。而对于自然通风和机械通风的交替运行，则依据室外温度和湿度来控制，可通过时间表来控制。

（2）多元通风的控制策略随季节的变化而变化。如在冬季，室内空气质量是主要考虑的参数，而在夏季则主要关心的是室内最高温度。多元通风控制策略还会受到建筑所在区域气候的影响，如寒冷气候区需要考虑的是夏季和冬季在不使用人工冷源的条件下获得好的室内热环境，而温和气候区则需要考虑降低夏季机械制冷的能耗。

（3）为了避免通风带来的冷风感，冬季需要对入口空气进行预热，预热空气的盘管或散热器的控制依据的是进口空气的温度，所以需要对进口空气温度进行单独控制。

（4）多元通风控制策略的实现，需要传感器来测量温度、室内空气质量等。目前需要开发价低且可靠的传感器。

（5）多元通风控制是多种控制技术的结合应用，包括简单的开关控制到复杂的神经网络控制和模糊控制等。多元通风的控制系统可用建筑能源管理控制系统 BEMCS 来实现。

三、多元通风的分析与系统设计

（一）多元通风的分析

合理的多元通风系统需要正确的设计和控制，而分析是正确设计和控制多元通风的关键，要贯穿多元通风的设计到运行的各个阶段。多元通风系统的分析方法不仅包括对空气流量和空气流动组织的分析，还应该包括对温度、湿度、空气品质、能量消耗、系统经济的分析。这里仅讨论对空气流量和气流组织的分析。

1. 建筑围护结构表面的气流压力分布

建筑围护结构表面的风压分布的计算对多元通风的分析很重要。已知风压分布，不仅可预测自然通风的通风量，还能估计对机械通风的需要和确定机械通风的策略。通常，与风力相关的数据都从气象站获得，但是建筑周围的局部风力条件会受到建筑周围微气候的影响，所以需要将气象站的数据转变为当地数据，或者直接测量当地数据。已知局部风力条件（风速、风向等），可得到无量纲风压系数，进而得到建筑结构表面的压力分布。

2. 开口处的气流特征

对于通过大的外部开口气流的计算，目前还没有理论求解的方法，主要是通过风洞试验、计算流体力学（CFD）的方法对其加以模拟。

3. 房间内气流过程的预测

多元通风建筑内的气流存在非线性动力学现象，如存在多重稳态解、周期或非周期性流动，即气流组织形式有多种可能。这种多重解的特征已经从简单建筑的缩小比例实验和CFD 方法预测中得以证实。

（二）预测机械通风和自然通风室内气流的方法

预测机械通风和自然通风室内气流的方法有很多，包括从最简单的解析法到比较复杂的 CFD 方法。其中大多数的分析方法基于最基本的建筑内外质量、动量和能量守恒原则，还有一些实验方法，包括示踪气体法、盐水模拟法等。多元通风系统正处于发展阶段，从原理上讲，大多数应用于自然或机械通风的分析方法同样也适合多元通风，主要包括以下几类。

1. 简单分析和经验分析方法

简单的方法主要是用伯努利方程计算开口处气流速度，用质量守恒方程求质量流量。对于简单的多元通风建筑，主要采用简单的理论分析方法，获得解析，如给定温度，通风量可描述成室内外温差、风压、机械风机气流量、通风开口尺寸等的函数。简单的分析方法有助于加深对主导参数、多重稳态解的可能性的理解，其也是对复杂数值方法的验证。

2. 多区域分析方法

多区域分析方法使用了一种网格处理手段，把建筑分成多个区域，并假定边界区域的参数与外部环境相同。气流通道，如窗户、门、竖井连接形成网络。如果建筑内部通风口的面积足够大，建筑近似地认为是单区域，否则为多区域。

有两种主要的多区域方法：基于区域压力的方法和基于回路压力方程的方法。

基于区域压力的方法是对每个区域建立质量平衡方程，然后联立求解非线性方程组，方程组的解是内部区域的压力。基于回路压力方程的方法是对每个回路，平衡方程从进口到出口再回到进口的压力变化为 0，求解的结果是回路的气流量。

多区域分析方法对具有多房间建筑的流体模拟十分有效。但是，它不能预计建筑每个区域的具体流动形态。

3. 网络分析方法

网络分析方法可以认为是多区域和 CFD 两种分析方法的过渡。网络方法能提供一个空间内温度剖面，用于预测辐射和对流系统的热舒适度，以提供较精确的设计信息和确定辐射以及对流系统的大小，从而对混合通风系统压力流和对流组件性能进行评估。

4.CFD

CFD 能预计每个房间或者建筑的每个分区的具体流体信息。CFD 技术对于建筑内部和周围气流的运动预测效果突出，并能非常详细地分析通风空间的气流形式和污染物分布。因此，CFD 在通风工程界被称为现场模拟工具。

5. 热模型和气流模型结合的模拟方法

对于多元通风系统年运行的预测需要热和气流模型结合的方法。目前已有一些工具可用于预测多元通风的性能，如 ESP-r，CHEMIX，TRNSYS+COMIS 等。热和气流模型结合的方法是分析多元通风建筑强有力的工具，并且其准确性已足够用于设计多元通风系统。然而，对于多元通风策略的模拟、对通风性能影响的模拟，仍需要对该方法加以改善。

6. 概率方法

由于建筑内的人员和发热设备以及室外气候条件（风速、室外温度和太阳辐射等）随时都在发生变化，属于随机变量，所以在对多元通风系统进行分析时需要考虑这些因素，基于此，提出了概率方法。该方法用统计的方式，采用平均值、标准差、自相关函数等对上述随机变量进行处理。显然，随机变量的考虑增加了分析的复杂性，所以，该方法适合用于复杂和特殊的设计情况。

（三）多元通风系统的设计

1. 设计目标

通风系统不但是为了控制室内空气质量，而且是为了夏季通过自然冷却的节能方式获得热舒适环境。在多元通风设计中，需要将室内空气质量控制的通风设计和夏季自然冷却策略的通风设计区别开，原因是二者所用的装置、设计过程中存在的障碍和需要解决的问题都不同。

（1）基于室内空气品质控制的通风设计。优化室内空气质量控制的通风，需要使室内空气质量、热舒适、能耗、供热和制冷对环境的影响达到最佳平衡。要实现这一点，需要从以下几个方面着手。

首先，通过减少污染源和根据需要控制人员的通风量来减少必要的新风量；其次，通过热回收、被动冷却或加热通风来减少供热和制冷的需要；最后，通过采用低压管道和其他部件以及优化自然驱动力来减少对风机的使用。

另外，还需要注意：当不需要制冷和供热时，可采用全新风来改善室内的空气品质。室内空气品质控制的通风，要求不能产生影响舒适性的问题，如吹风感、高的温度梯度和噪声。

（2）基于室内温度控制的通风设计。优化自然冷却效果的通风，需要实现制冷量、围护结构蓄热量和热舒适之间的最佳平衡。要实现这一点，需要从以下几个方面着手。

首先，通过采用低能耗设备、自然采光和有效遮阳来减少室内和室外热负荷；其次，利用建筑的蓄热性能（工作时间段吸收和储存热量，并在夜晚通风冷却）；最后，通过采用低压管道和其他部件以及优化自然驱动力来减少对风机的使用。

另外，还需要注意的是，通常条件下，温度控制的通风量比室内空气质量控制的大。

2. 设计步骤

第一步，确定建筑的方位、设计和布局。多元通风过程受室外气候和建筑周围的微气候以及建筑的热特性的影响，因此，首先需要考虑这些因素。

第二步，设计多元系统的自然通风模式。根据选择的白天和夜晚的通风模式设计建筑开口的尺寸和位置，以及像太阳能烟囱那样加强驱动力的部件。考虑室外空气的预热/冷以及热回收和过滤，确定自然通风模式的控制策略。

第三步，设计满足舒适性和能源要求的、必要的机械系统，包括加强驱动力的简单的机械排风机到平衡的机械通风或全空调系统。这一步要确定多元通风的控制策略，在维持可接受的热舒适的同时减少能耗。

3. 设计流程

多元通风的设计流程包括：概念设计阶段、基础设计阶段、详细设计阶段和设计评价阶段。

概念设计阶段需要确定建筑的形式、尺寸、功能和位置。

基础设计阶段需要估计建筑的得热和污染物量，考虑多元通风系统的布局，计算必要的通风量以及期望的室内空气品质和温度水平，计算粗略的年能耗和必要的峰值负荷。如果不能满足室内空气品质、热舒适和用能以及费用限制的要求，通风系统就需要在进入下一步设计之前重新进行设计。

详细设计阶段需要重新估计污染物量和热负荷，选择多元通风系统组件的类型和位置以及控制策略和传感器位置。要求以设计年的逐时计算为基础，考虑室内外气候、能耗和费用，使整个通风系统处于最佳状态。

最后，在设计评价阶段，进行室内空气品质和热舒适的详细预测。

四、多元通风的应用

目前，全世界已经建造了一些多元通风建筑，主要是欧洲的一些公共建筑，还有许多正处于计划或建造中。在大多数建筑中，多元通风系统的基本组成包括风机、二氧化碳浓度和温度传感器、手动或自动操作的门窗及其他特殊通风口（如通风塔、太阳能烟囱等）。少数建筑还利用地下风道、地下管路或地下静压箱来预处理新风，以下是两类典型的多元通风系统的应用实例。

（一）风机辅助式自然通风

丹麦的 B&0 指挥中心，采用风机辅助式自然通风，其通风入口位置较低，新风通过管道预热后进入室内，出口位于楼梯顶部，在需要的时候，位于屋顶的风机开启加强通风。该建筑的北面是玻璃面，受日光辐射的影响较小。南面有一个中等大小的窗户区域，白天工作时窗户可由用户手动调节，夜间冷却时该窗户由控制器自动控制。需要进行通风的时候，通风口打开。如果通风量还没有达到预定要求，风机开启，风机的转速根据需要自动调整。B&0 指挥中心用于多元通风系统的投资仅占传统通风系统的 60%，风机的能源消耗非常低，仅 1.7kW・h/（m^2・年），占全部电能消耗的 3%，而室内空气质量（以室内二氧化碳为指标）非常好。

（二）热压和风压辅助式机械通风

挪威的 Media 学校采用热压和风压辅助式机械通风，空气从离建筑一定距离的进风塔进入（有进风风机），通过地下通道减少温度的波动，然后通过地下室走廊分配给低处的送风末端装置。排风从教室高处的开口进入采光井走廊，从屋顶的排风塔排出，塔内有热回收机组和低压排风机。地下暗渠和地下室走廊之间有过滤、预热和热回收装置，气流依靠低压风机送风、排风。每间教室通过 CO_2 传感器根据需要控制通风量，CO_2 浓度超过设定值，排风口打开并调整开度。送风机通过控制地下室送风走廊压力比室外高 2Pa 来控制。排风风机通过维持地下室送风走廊和采光井走廊之间 5Pa 压降来控制。

这些试验性多元通风建筑主要是低层建筑。一般位于低、中等含尘浓度及低、中噪声污染的区域。如今，多元通风系统已成功地应用于建筑的改建。在通风系统翻新中，多元通风在能源消耗和使用者满意度方面的优势使多元通风的推广应用很有潜力。

然而，多元通风是一门新的技术，在研究和发展中仍然面临着一些挑战需要克服，如需要简单而快速的设计工具、可靠的控制策略和便宜的传感器。所以，多元通风技术的研究、应用与推广还有一段很长的路要走，需要各领域研究人员的相互配合和共同努力。

第三节　置换通风

置换通风起源于20世纪40年代的北欧，它最早应用在工业厂房来解决室内污染物的控制问题。随着民用建筑室内空气品质问题的日益突出，置换通风方式的应用转向民用建筑，如办公室、会议室、剧院等。这种送风方式与传统的混合通风方式相比，可使室内工作区得到较高品质的空气，并具有较高的通风效率和节能性。置换通风在我国日益受到设计人员和业主的关注，已经在工业建筑、民用建筑及公共建筑中得到应用。

一、置换通风与节能

（一）置换通风的原理与特点

1. 置换通风的原理

置换通风是将经过热湿处理的新鲜空气以较小的风速及湍流度沿地板附近送入室内人员活动区，并在地板上形成一层较薄的空气湖。空气湖由温度较低、密度较大的新鲜空气扩散而成。室内的热源（人、电气设备等）在挤压流中会产生浮升气流（热烟羽），浮升气流会不断卷吸室内的空气向上运动，达到一定高度后，受热源和顶板的影响，发生湍流现象，产生湍流区。排风口设置在房间的顶部，将热浊的污染空气排出，属于“下送上排”的气流分布形式。如果烟羽流量在近顶棚处大于送风量，那么根据连续性原理，必将有一部分热浊气流下降返回，因此，顶部形成一个热浊空气层。根据流量守恒，在任一个标高平面上的上升气流流量等于送风量与回返气流流量之和。因此，必将在某一平面高度出现烟羽流量正好等于送风量的情况，该平面上回返空气量等于零，这就是热分层界面。在稳定状态时，热分层界面将室内空气在竖直方向上分成两个区域，即下部的单向流动清洁区和上部的湍流混合区在这两个区域的空气温度场和污染物浓度场特性差别较大。下部单向流动区域存在明显的垂直温度梯度和污染物浓度梯度，上部湍流混合区域温度场和污染物浓度场则比较均匀，接近排风的温度和污染物浓度。因此，从理论上讲，只要保证分层高度在工作区以上，首先由于送风速度和湍流度较低，即可保证在工作区大部分区域风速低于 0.15m/s，不产生吹风感；其次，新鲜清洁的空气直接送入工作区，先经过人体，可以保证人处于一个相对清洁的空气环境中，从而有效地提高工作区的空气品质。

2. 置换通风的特点

传统的混合通风是以稀释原理为基础的，全室温湿度达到均匀；而置换通风则以浮力为动力，只需满足工作区的热舒适性。置换通风具有送风温差小、送风速度及湍流度低、存在垂直温度梯度以及污染物浓度梯度等特点。

（1）以浮力为动力。置换通风系统的气流运动以空气密度差形成的浮力为动力，气流组织类似单向活塞流，湍流度低，风速低。置换通风房间内的热源有工作人员、办公设备或机械设备三大类。在混合通风的热平衡设计中，仅把热源释放的热量作为计算参数而忽略热源产生的上升气流。置换通风的主导气流依靠热源产生的上升气流及烟羽流来驱动房间内的气流流向，从而将热量和污染物等带至房间上部，脱离人的停留区，最终从房间顶部的回（排）风口排出，并形成室内下部温度低、顶部区域温度高的结果。由于室内流动的动力主要是热羽流，因此很难利用传统射流理论预测室内湿度和温度等的分布。关于热源引起的上升气流流量，实验条件的不同所得出的数据也不尽相同。

（2）送风温差小、送风速度及湍流度低。为了保证较好的热舒适性、降低吹风感，置换通风的送风温度不能太低、风速不能太大。根据建筑要求不同，送风温差一般取 3 ~ 4℃，送风速度一般取 0.13 ~ 0.50m/s。当置换通风房间由靠墙散流器以低速向工作区送冷风时，冷空气下沉于地面，贴近地面的冷空气层在地面以上 0.04 ~ 0.1m 处出现最大速度，此速度由送风量、阿基米德 Ar 和送风装置决定。在一定条件下，此最大速度值可能大于气流出口面速度，是产生风感和局部不适的主要原因，应引起注意。散流器的选择是至关重要的，其扩散性能（出口气流卷吸周围空气的能力）对工作区温度梯度乃至通风效率有一定影响，卷吸性能强的风口能使工作区温差减小 0.2 ~ 0.7℃，这对小于 3℃的舒适性限制是有一定意义的。

（3）明显的垂直温度梯度和污染物浓度梯度。由于热源引起的上升气流能使热气流逐渐浮向房间的顶部，因此，房间在垂直方向上存在温度梯度，即置换通风房间内除热源附近，水平方向上同一高度平面上的空气温度几乎无差别，而在垂直方向上则存在明显的温度梯度，即下部温度低，上部温度高。层高越大，这种现象就越明显。在层高、送风温度及速度相同的条件下，垂直温度梯度的大小主要受热源形式与热源垂直分布的影响：当热源在房间较低处时，垂直温度梯度在低处较大，而在高处则较为均匀；当热源在房间较高处时，垂直温度梯度在低处较小，而在高处逐渐增大。这种垂直温差“上高下低”的分布与人体的舒适性规律有悖，因此应当控制离地面 0.1（脚踝高度）~ 1.1m 的温差不能超过人体所容许的程度，否则会造成“脚寒头暖”的情况，降低热舒适性。ISO 7730 的规定要求 1.1m 与 0.1m 高度的温差应小于 3℃。另外，可以将冷却顶板同置换通风结合起来，这样不仅可以增加空调系统的冷负荷容量，而且可以减小垂直温差并提高人体舒适度，但必须注意负荷的分配以及冷吊顶发生凝结等问题。

置换通风的污染物浓度梯度与温度分布相似，污染物浓度也存在浓度分层，即上部污染物浓度高，下部污染物浓度低，在 1.1m 以下的工作区其污染物的浓度远低于上部污染物的浓度。

（4）热力分层现象。置换通风存在热分层界面，该界面在垂直方向上将室内空气划分为上部湍流混合区和下部单向流动清洁区。在置换通风条件下，下部区域空气凉爽而清洁，只要保证分层高度（地面到界面的高度）在工作区以上，就可以确保工作区良好的空气品质，而上部区域不属于人员停留区，其污染物浓度甚至可以超过工作区的允许浓度。在实际工程中，置换通风室内的热力分层较为复杂，各种热源形成的烟羽流既沿高度方向运动也沿水平方向运动，且不同方向的运动之间相互影响。热力分层高度与送风量有着直接的关系，故保证一定的送风量是确保分层高度的关键。

（二）置换通风的节能效益

置换通风不仅能够有效提高空气品质，同时也具有较好的节能效益。下面从冷负荷、送风温度及新风量三个方面对置换通风系统的节能性进行分析。

1. 冷负荷的减少

采用置换通风进行夏季供冷，室内冷负荷主要由三部分组成：室内人员及设备的负荷；上部灯具的负荷；围护结构以及太阳辐射的负荷。与传统空调系统负荷相比，室内冷负荷理论值较小，这是由于置换通风自身特点，室内存在温度梯度，这会使工作区上部空间内的温度值高于设计温度，将使房间温度较高。从传热学角度分析，室内温度升高将会使室外向室内传入的热量减少，因此，室内冷负荷降低。

此外，与混合通风相比，当置换通风的排风温度高于室内设计的温度时，通过排风可以带走一部分热量，使空调系统所需的制冷量减少，有助于节约能耗。

2. 送风温度的提高

为达到较好的热舒适性，相比而言，置换通风的送风温度要比传统空调送风温度高。送风温度的提高使得制冷机组内制冷剂的蒸发温度升高，制冷机组 *COP* 增大，运行效率提高；同样因送风温度有所提高，过渡季节利用自然冷源时间长，可延迟冷机开启，降低运行能耗。

3. 新风量的减少

在送风参数及排风口处污染物质量浓度相同的条件下，将置换通风与传统空调送风方式作比较。以全室为对象，两种送风方式的排污能力相同；而以人员活动区为对象，因置换通风方式存在污染物质量浓度梯度，人员呼吸区污染物质量浓度低于排放污染物的质量浓度，所以，置换通风的排污能力优于传统空调送风。在保证同样的室内空气品质时，置换通风的通风效率高，因此置换通风所需的新风量少，全新风系统的风机能耗降低，节能效果提高。

二、置换通风的设计

（一）置换通风的主要设计方法

设计方法主要有两类，即欧洲供热、通风与空调协会联盟（REHVA）和美国采暖、制冷与空调工程师协会（ASHRAE）分别颁布了各自的非工业建筑置换通风系统设计指南——《非工业建筑用置换通风系统》和《置换通风系统的性能及其设计指南》。两者在充分肯定各自在过去几十年研究成果的同时，也给出了不同的设计思路，但所要达到的目标是一致的——在不增加能耗的前提下实现室内空气品质和热舒适性的提高。

1.REHVA 的设计方案

REHVA 的设计方案是在北欧国家进行大量实验的基础上逐步形成并得到完善的，它定义地面升温系数 k=0.5，即认为送排风温差的一半在地面附近平稳过渡，剩余部分沿高度方向线性变化。其设计思路是从室内空气品质控制和温度控制同时出发，计算并校核送风各参数，在保证工作区内污染物浓度和热舒适性均达到要求后，进行设备的选型和风口的选择。其步骤如下所示。

（1）适用性分析：保证热源与污染源的重合。

（2）室内空气品质的控制：①确定工作区的高度；②计算维持室内空气品质所需风量；③计算排风中的污染物浓度；④计算工作区内的污染物浓度。

（3）热舒适性控制：①定义地面升温系数 k=0.5，垂直温度梯度为 2K/m；②计算热负荷；③计算送风与排风间的最大温度差；④计算维持热舒适性所需风量；⑤计算送风温度；⑥计算送风在地板处的温升。

（4）选择风量并校核换气次数。

（5）校核垂直温度分布及污染物分布。

（6）送风口的选型与布置。

2.ASHRAE 的设计方案

由于美国的气候和建筑物的设计与北欧存在较大差别，为了使置换通风的设计更适应美国的实际情况，ASHRAE 的设计具体步骤如下。

（1）适用性分析：热源种类和污染物分布情况；吊顶高度是否高于 2.44m。

（2）冷负荷计算：包括照明负荷 Q_1（W）、人员及设备产热 Q_0（W）、通过房间围护结构的导热以及穿透的太阳辐射热 Q_{ex}（W）。

（3）计算供冷所需送风量。

（4）确定满足室内空气品质所需风量。

（5）确定送风量。

（6）计算送风温度。

（7）确定新风比例。

（8）送风口选型与个数确定。

（9）校核冬季供暖工况。

（10）计算出投资与年能耗。

随着社会的进步，空调系统的设计和优化也面临新的机遇和挑战。在我国，置换通风空调系统的理论研究还不够深入，工程应用技术也不十分成熟，置换通风系统的设计不能盲目照搬设计公式，更重要的是要理解其基本原理和掌握各因素对系统舒适性的影响情况以及运用范围，并借鉴国外的设计规范，以尽可能地提出适用于我国的设计方案。

（二）置换通风的设计要点

1. 室内温度及工作区温度梯度的确定

置换通风房间内工作区的温度梯度 $\ddot{A}t_n$ 是造成人体不舒适的重要因素。离地面 0.1m 的高度是人体脚踝的位置，脚踝是人体暴露于空气中的敏感部位。该处的空气温度 $t_{0.1}$ 不应引起人体的不舒适。房间工作区的温度 t_n 往往取决于离地面 1.1m 高度的温度 $t_{1.1}$（对办公、会议、讲课、观剧等状态）。表 4-1 中所列为室内温度及工作区温度梯度。

表 4-1　室内温度 t_n 及工作区温度梯度

活动方式	散热量 /W	t_n/℃	$\ddot{A}t_n/C=t_{1.1}-t_{0.1}$
静坐	120	22	≤ 2.0
轻度劳动强度站姿	150	19	≤ 2.5

续表

活动方式	散热量 /W	t_n/℃	$\ddot{A}t_n/C=t_{1.1}-t_{0.1}$
中度劳动强度站姿	190	17	≤ 3.0
重度劳动强度站姿	270	15	≤ 3.5

2. 送风量的确定

从人头部和脚部之间的温差热舒适要求出发，根据实验与理论分析，得到工作区温度梯度的经验公式：

$$\ddot{A}t_n=\frac{\alpha_0 Q_0+\alpha_1 Q_1+\alpha_{ex} Q_{ex}}{\rho c_p L_T}=t_{1.1}-t_{0.1}$$

$$\alpha_0=0.295,\ \alpha_1=0.132,\ \alpha_{ex}=0.185 \tag{4-1}$$

式中：Q_0——室内人员及电器设备负荷（W）；

Q_1——室内照明负荷（W）；

Q_{ex}——结构以及太阳辐射热负荷（W）；

ρ——空气密度（kg/m^3）；

c_p——空气比定压热容［kJ/（kg·℃）］；

L_T——满足头部和脚部之间的温度差热舒适要求的置换通风送风量（m^3/s）。

根据 $\ddot{A}t_n/C=t_{1.1}-t_{0.1}$ 的要求（一般小于 3℃），即可由式（4-1）求得 L_T。

适合送风量还应兼顾新风要求。由于置换通风的换气效率 η 要高于混合通风，所需新风量少于混合通风所需量。其所需新风量的计算可采用下列经验公式：

$$L_1=L_m/\eta \tag{4-2}$$

$$\eta=2.83(1-e^{-\eta/3})(Q_0+0.45Q_1+0.63Q_{ex})/Q \tag{4-3}$$

式中：$Q=Q_0+Q_1+Q_{ex}$；

η——换气次数；

Q——总负荷（W）；

L_m——混合通风方式下通风效率为 1 时的新风量，按 ASHRAE1989 规定，应由每人最小新风指标 R_p（L/ 人）和每平方米地板所需最小新风量指标 R_b（L/m^2）之和确定，即：

$$L_m=R_p P_D D+R_b A \tag{4-4}$$

式中：P_D——人数；

D——差异系数；

A——地板面积（m^2）。

具体取值详见表 4-2。

表 4-2　ASHRAE62-1989R 新风量要求

使用类型	通风要求		使用指标		
	R_p/（L/ 人）	R_b/（L/m^2）	人员密度 /（人 /m^2）	差异系数	通风效率
办公空间	3	0.35	0.07	1.00	0.80
零售商店	3.5	0.85	0.15	0.75	1.00
普通教室	3	0.55	0.35	1.00	0.90
会议室	2.5	0.35	0.50	1.00	1.00

送风量的大小 L 取 L_1 与 L_T 的较大值。

在置换通风系统中，送风量直接影响通风房间的流场变化，对热力分层高度的变化也产生很大影响。送风量增大，热力分层高度也在增高，增大通风量有利于热力分层的提高，能够形成洁净的工作区域。但是当送风量增大到一定程度时，将会使送风动量增大，破坏置换通风下层气流层流或低湍流的流态流动。另外，送风速度偏大会对人体造成不舒适的吹风感，因此送风速度不宜太大，在保证通风效率的同时，应控制送风速度在合理的范围内。

3. 送风温度的确定

在置换通风系统中，送风温度的变化直接影响着通风房间温度场的变化，对热力分层高度、通风效率以及热舒适性等产生影响。送风温度增大，送风温差减小，故热力分层高度增高，工作区域空气温度与送风温度差减小。因此，增大送风温度，有利于热力分层高度的增高，可避免因送风温度低对人体产生不适的吹风感。但送风温度太高，不能有效消除通风房间的热负荷，达不到调节空气温度的目的。相反，送风温度也不能太低，否则会影响热力分层高度的大小变化和产生吹风感。所以，要兼顾热力分层高度大小和热负荷的有效消除，工作区域空气温度应选在合理的范围内。

三、置换通风的应用

（一）应用场合

下列情形更适合采用置换通风：①污染物质的温度比环境空气温度高，或污染物质密度比环境空气密度小。②供给空气温度比环境空气温度低。③层高大的房间，例如，房间层高大于 3m。

浮升力作为驱动力的置换通风在下列情形中效率较低：①顶棚的高度低于 2.3m。

②房间空气扰动（湍流）强烈。③污染物质的温度比环境空气温度低，或污染物质密度比环境空气密度大。

置换通风主要应用于以下场所：演播厅、录音棚、新建办公楼、酒店、旧办公楼、酒店改造、医院病房、图书馆和书店。

（二）工程实例

1. 工程概况

某报社印报车间建筑主体 3 层，1、2 层为印报车间，3 层为办公室，两侧还有 5 层耳房（办公用）。印报车间 1、2 层前部为轮转机车间（只有两层），单层面积为 1890m^2，分为东、西两部分。轮转机由 1 层穿楼板至 2 层，1 层层高 3.15m，2 层梁下弦净高为 9.05m，南向外墙窗墙比为 1 ∶ 1.2。车间内轮转印刷机电动机及滚筒为主要发热源，印刷机滚筒带出的纸张碎粉末及散发的油墨为主要尘源。经详细调查和反复论证，在轮转机车间采用了置换通风空调系统。

2. 原有空调系统存在的问题

原有空调系统是在 20 世纪 80 年代初安装的，1、2 层分设两台组合式空调机组，共计 4 台，总送风量为 132000m^3/h，空调机组内设喷淋室，车间内采用上侧送风，同侧下部回风的方式。

业主反映存在以下问题：夏季室内温度降不下来，室内空气品质差，在印报车间长期工作的许多工人患了呼吸系统疾病。原有空调系统主要存在以下问题：

①气流组织不合理，回风口附近的回流区污染物浓度比其他地方大，2 层设备运行产生的大量热量被带回了工作区，加大了空调设备承担的冷负荷。

②过滤设施太简单，无机械排风系统。

③自控水平低。

3. 改造后的置换通风系统

改造后的置换通风系统，室内设计参数为：冬季设计温度（20 ± 2）℃，夏季设计温度（26 ± 2）℃，相对湿度（55 ± 5）%；工作区污染物（粉尘）浓度≤ 0.5mg/m^3；根据热源位置、设备和车间的几何尺寸将热力分层高度定为 5.5m；计算总冷负荷（未计新风冷负荷）为 330.8kW，较常规空调计算冷负荷约降低 33%；改造后的置换通风气流组织如下。

一层利用原送风口上侧送风，下部回风口改设在对侧回风管上，工作区处于送风区；二层采用置换通风方法，原底部回风口改为置换通风的送风口，并在送风口设置低速送风柜。送风温差取 6℃，送风温度 20 ~ 22℃，设计总送风量为 156000m³/h，在同等条件下，新旧空调方式总送风量相差不大。回风经过滤及冷热、加湿处理后送入室内，提高送风品质。采用分散式 DDC 控制器单片机就地控制，并可对温度、湿度、污染物浓度压差、防冻保护、新风阀等设定参数按实际情况调整，基本可以实现自动控制。

经对改造后的转轮机车间进行现场测量发现，工作区测点污染物（粉尘）浓度都在 0.5mg/m³ 以下，室内热力分层现象比较明显，空调效果好，达到设计要求。

该置换通风空调系统减少了冷源能耗，提高了通风效率，与常规上侧送、下侧回气流组织空调系统相比，空调系统承担的冷负荷可减少 30%，节能效果显著。由于冷负荷减少使设计送风量减少，热力分层高度与工作人员高度相同，工作区垂直温差不大，工作人员没有头热脚冷的感觉，并且由于工作人员身着蓝色咔叽布工作套服、戴帽，不断地进行一定强度的工作，工作区气流速度为 0.2 ~ 0.4m/s，因此，工作人员没有不适感。

第四节　通风空调系统的节能

通风空调系统的能耗在建筑总能耗中一直占有较大的比重，一般为 40% ~ 60%，而冷热源设备能耗占空调能耗的 50% ~ 60%。可见，通风空调冷热源的能源类型、处理方式和冷热源设备的运行调节对建筑能耗有着举足轻重的影响。

一、通风空调系统节能技术

（一）合理确定新风能耗

空调系统中摄入新风量的作用是调节室内空气质量，使室内环境中的各种污染物浓度保持在卫生标准所容许的浓度值以下。新风量取得过多，将增加新风耗能。因此，要根据室内发生的污染物性质及其发生量和容许浓度以及送入室内空气中的污染物浓度来决定摄入新风量的多寡。在满足室内卫生要求的前提下，减少新风量，有显著的节能效果。

在工程应用中，新风量的大小主要根据室内允许 CO_2 浓度确定，为了确定室内人体所必需的新风量，就需要计算室内的 CO_2 发生量，了解引入空调系统新风中的 CO_2 浓度和室内 CO_2 容许浓度的标准值，一般场合的 CO_2 容许浓度取 0.1%。

为了兼顾空调系统卫生要求的节能需要，工程设计者在进行工程的设计规划时，首先应从卫生要求确定最小新风量；在选定新风入口的位置时要重视采气的质量；要考虑主行期非峰值负荷时的调节使用要求；应配置必要的风管附件和控制装置，并为此留出必要的操作部位。这些是获取节省新风能耗的必要条件。

对于人员密集的会场、体育馆、影剧院等公共场合和允许吸烟的办公建筑，空调系统取新风量多少应根据污染物发生状况改变。应使用 CO_2 浓度检测器，配置手动或自动的调节装置，使其能按回风中的 CO_2 浓度控制调节系统的最小新风量。

新风系统上的过滤净化装置应经常保持清洁，使维持其一定的过滤效率和正常的通过能力；对于活性炭过滤装置还应定期再生，以提高其对有毒气体的吸附能力。

（二）选择最小必要新风量

新风的作用是调节室内空气的质量，使室内环境中的各种污染物浓度保持在卫生标准所容许的浓度值以下。

为了节能，可以减少新风量的取值，从而控制进入室内新风的质量以及控制室内污染物的产生。

另外，可以根据室内 CO_2 的浓度变动来自动控制新风、排风及回风阀门的动作。据有关资料显示，自动控制新风阀门比固定新风阀门夏季冷负荷要减少近 25%。在新风入口的位置选取上要重视采气的质量。

（三）设置能量回收装置

例如，全热交换装置系统在回收排风中的“冷”能时，要求室内排风的焓值低于室外空气的焓值，所以只有在空调系统取用最小新风量时才启用，而不是全年投入运行的。当在过波季节时，应切断交换器两侧的通路，使新风通过旁通直接导入系统。这个时候旁通风道必须具备使送风空气全部采用新风的可能性，当然这时候会使制冷系统的规模减小很多，而且会大大减少运行费用，尤其是在夏季对削减峰值负荷、平衡电网负载起重要作用。

（四）选定合理的空气处理方式

对于多间建筑物，如果是采用机器露点送风的集中空调系统，那么由于各室不同的负荷造成某些空调房间在供冷时过冷过干燥，这些就会造成不必要的能量浪费。因此，规划空调系统时应将空调房间合理分区，下面的情况不能组合在一个空调送风区中。

（1）室内温湿度的设定值和精度值不同的房间。

（2）日射情况和周围维护结构传热负荷相差悬殊的房间。

（3）内部负荷密度和负荷变化规律不相同的房间。

（4）房间热湿比值相差悬殊的房间。

（5）空调使用时间不同的房间。

在不得已必须合并在一个分区的情况下，必须设有随负荷变动的自控装置。控制用的传感器应放在空调区有代表性的位置上，避免放在发热、发湿设备的近旁，并防止日射的影响。

（五）避免再热损失

设计时应防止冷却后再加热、加热后再冷却、除湿后再加湿、加湿后再除湿等重复的、互相抵消的空气处理手段。原则上应避免夏季供冷时采用再热方式，因此，在工程设计时要充分研究部分负荷特性，选用合适的设计风量。

如果送风量和送风温差没有严格限制，那么采取改变送风量的方法来满足负荷变化是比较理想的调节方式，不过，当变风量值由温度传感器控制时，房间的湿度可能会有较大变化，而变风量值由湿度传感器控制时，房间的温度可能会有较大变化，最理想的调节方式是变风量辅以变露点控制。

（六）选用部分负荷效率高的动力设备

空调系统中的动力设备主要是风机和水泵，而风机和水泵的运行工作点不仅受其自身特性的影响，而且取决于其所在管路系统的阻力特性，所以选型时要研究管路的阻力特性，选择合适的设备。

由于空调系统中的设备大部分时间在部分负荷下运行，从节能的角度要把设备的最高效率点选在峰值负荷的 70% ~ 80% 状态。在非峰值负荷时常常采用改变设备流量的方式进行调节。

（七）空调系统运行的节能

《民用建筑供暖通风与空气调节设计规范》（GB 50736—2012）规定的舒适性空调室内计算参数为：夏季，温度 24 ~ 28℃，湿度 40% ~ 65%；冬季，温度 18 ~ 22℃，湿度

40% ～ 60%。从上述规定来看，不论夏季还是冬季，室温都有 5℃的选择余地。在满足要求的前提下，室温设定值在夏季尽量高一些，在冬季尽量低一些。有研究显示，夏季室温从 24℃提高到 28℃，冷负荷可以减少 36.6%，节能效果明显。在系统运行过程中要严格按照设计要求进行调节，按设定的室内温度合理确定开停机时间，对设备要定期进行维护保养，确保设备的运行效果。

（八）防止过冷和过热

夏季室温过冷或冬季室温过热，不仅耗费能量，而且对人体舒适和健康也是不适的，室温的过冷或过热往往是由于自动控制不完备、设备选用不恰当或空调分区不合理所引起的。例如，用风机盘管空调方式时，当机组不用恒温器控制，经常以设计负荷时所确定的水流量流入盘管，室内人员也不经常去关闭风机或减低风机转速，室内经常处在过冷或过热状态，故设置恒温器是十分必要的。

单风道系统各房间之间的温度差别很大，如果分区不合理，恒温器设置位置又不恰当，就会引起同一区域内，有的房间过冷、有的房间过热的现象。

（九）改变空调设备启动、停止时间

间歇空调时应根据围护结构热工性能、气候变化、房间使用功能进行预测控制，确定最合适的启动和停机时间，在保证舒适的条件下节约空调能耗。

在建筑物预冷、预热时停止取用室外新风，可减少取入新风的冷却或加热的能量损耗。如果制冷机和锅炉容量已经确定，则应按其额定出力考虑预冷或预热时间，既可以提高冷、热源的运行效率，又可缩短预冷或预热的时间。

（十）过渡季取用室外空气作为自然冷量

在空调运行时间内保证卫生条件的基础上，只有在夏季室外空气比焓大于室内空气比焓、冬季室外空气比焓小于室内空气比焓时，减小新风量才有显著的节能意义。当供冷期出现室外空气比焓小于室内空气比焓（过渡季）时，应该采用全新风运行，这不仅可缩短制冷机的运行时间，减小新风耗能量，同时还可改善室内环境的空气质量。因此，设计空调系统时，不仅要保证冬、夏季的最小新风，而且在过渡季应能增加和开足新风门。

（十一）提高输能效率

从风机和水泵的轴功率计算公式 $N=(LP)/\eta$ 得知，要减少功耗可以从三方面来考

虑：减小流量、降低系统阻力和提高风机、水泵的效率。在工程实践中可以采取以下措施。

1. 采用大温差

所谓大温差，是指冷冻水、冷却水温差和送风温差比常规系统大，从而减少水流量和送风量，降低输送过程的能耗。常规空调的冷冻水和冷却水温差为5℃，大温差系统冷冻水温差可增加到8～10℃，冷却水温差增加到8℃。常规的空调系统送风温差一般在6～10℃，最大不超过15℃，大温差系统的送风温差在14～20℃。大温差不仅可以减少输送过程中的能耗，同时，还可以减小管路的断面，从而降低管路系统的初投资。但是大温差也会影响空调设备的性能，如冷冻水大温差会导致风机盘管、表冷器冷却能力和除湿能力下降，为弥补这一不利的影响，可以降低冷冻水的供水温度，这样可以使冷水机组的性能系数降低和能耗增加。因此确定温差时必须对利弊进行充分估计。也就是说，应综合考虑系统总能耗（包括输送能耗和冷水机组能耗）、经济性、环境控制质量等方面来选择合理的温差。

2. 采用低流速

因为水泵和风机要求的功耗大致与管路系统中流速的平方呈正比关系，因此，要取得节能的运行效果，在设计和运行时不要采用高流速。此外，干管中采用低流速还有利于系统水力工况的稳定。

3. 采用输送效率高的载能介质

一般情况下，用水输送冷、热能的耗能量比用空气输送要小，而且输送相同冷、热能，所用水管的管径要比风管小得多，所以又能节省建筑空间。因此，对于集中冷冻方式，原则上应该把在机房制备的冷冻水尽量输送到各空调分区的附近或使用点上，通过末端机组（如柜式空调机组、风机盘管机组）处理空调空气，就地或供附近房间使用。

4. 选用效率高、部分负荷调节特性好的动力设备

风机和水泵的运行工作点不仅取决于其自身的特性，而且取决于它们所在管道系统的阻力特性，因此，在选型时应该同时研究管路的阻力特性。为使运行期获得节能效益，还要研究在部分负荷时管道阻力变化情况，使风机和水泵的性能与其相匹配。

空调系统中的设备大部分时间在部分负荷状况下运行，因此，在节能研究中，常把设备的最高效率点选在峰值负荷的70%～80%附近。

在非峰值负荷时常常采用改变空调系统的流量以满足其调节要求。常用的调节方法主要有：改变管路性能曲线（阀门调节）；改变风机和水泵的性能以及台数调节；等等。

（十二）建筑设备自动化系统

建筑设备自动化系统可将建筑物的空调、电气、卫生、防火报警等进行集中管理和最佳控制，包括冷热源的能量控制、空调系统的焓值控制、新风量控制、设备的暂停时间和运行方式控制、温湿度设定控制、送风温度控制、自动显示、记忆和记录等内容。可通过预测室内、外空气状态参数（温度、湿度、比焓、CO_2浓度等）以维持室内舒适环境为约束条件，把最小耗能量作为评价函数，来判断和确定所需提供的冷热量、冷热源和空调机、风机、水泵的运行台数，工作顺序和运行时间及空调系统各环节的运行方式，以达到最佳的节能运行效果。

（十三）加强管理，提高节能效益

管理包括政府的宏观管理与具体的日常运行管理。政府的宏观管理主要依靠立法和执法。节能虽然具有很大的社会效益，但有时不一定有经济效益，因此，各种节能措施难以推行。例如，建节能住宅，由于墙体保温增强，窗户采用二层或三层的密闭窗，必然会导致土建造价增加，开发商往往难以接受，对此政府必须有法规，并制定一定的优惠政策进行引导。我国在建筑节能上已开始陆续出台一些规范与法规，但有待进一步扩充与完善。

日常管理是建筑节能是否实际有效的关键。一个设计再好的节能系统，如果管理不善，一样达不到节能的目的。日常管理的节能措施有：加强日常维护和定期对设备和系统的维护。例如，阀门、构件等的维护，防止冷、热水和冷、热风的跑、冒、滴、漏；冷凝器等换热设备传热表面的定期除垢或除灰；过滤器、除污器等设备定期清洗；经常检查自控设备与仪表，保证其正常工作；对系统的运行参数进行监测，从不正常的运行参数中发现系统存在的问题，进行合理改造；等等。

二、通风空调水系统的变流量节能

空调的定流量水系统的水流量不变。当室内空调负荷改变时，通过改变供回水温度差进行调节，系统末端的盘管用三通阀调节。在满负荷条件下，三通阀的旁通支路关断，冷水通过盘管换热后再通过三通阀的直通回路回到制冷机。在部分负荷条件下，旁通支路打开，一部分冷水被“短路”，不经盘管直接混入回水，降低了回水水温，减小了水温差。这样，流经盘管的水量随负荷变化，而流经总管路的水量是不变的。因此，就形成了定水量系统。

在定流量水系统中，冷冻水泵的容量是按照建筑物最大设计负荷选定的，且在全年固定的水流量下工作。在全年绝大部分时间内，实际空调负荷远比设计负荷低，在定流量条件下，在大部分运行时间内定流量系统的供回水温差仅为 1 ～ 2℃，远小于设计温差。这种大流量、小温差的运行工况，大大浪费了冷冻水泵运行的输送能量。在变流量水系统中，由于冷冻水泵的流量随冷负荷的变化而调节，可以使系统全年以定温差、变流量的方式运行，尽量节约冷冻水泵的能耗。

两通阀有两种：电动两通阀和电磁两通阀。前者可以随负荷变化调节进入盘管的水量。后者跟随负荷变化开闭，当室温未达到设定值时，两通阀开启，盘管达到设计流量；当室温达到或超出设定值时，两通阀关闭。对于盘管是双位调节。这两种方式都属于变流量水系统。变流量水系统在水泵设置和系统流量控制方面也必须采取相应措施，才能达到节能目的。目前水泵配置有以下两种方式。

（一）制冷机（或热源）与负荷侧末端共用水泵

这又称一次泵系统或“单式”系统。一次泵系统的末端如果用三通阀，则流经制冷机（R）或热源（H）的水量一定；如果末端用两通阀，则系统水量变化。为保证流经制冷机蒸发器的水量一定，可在供回水干管之间设旁通管。

在供回水干管之间的旁通管上设有旁通调节阀。根据供回水干管之间的压差控制器的压差信号调节旁通阀，调节旁通流量。在多台制冷机并联的情况下，根据旁通流量也可实现台数控制。

一次泵系统的台数控制有以下几种方式。

1. 旁通阀规格按一台冷水机组流量确定

当旁通流量降到阀开度的 10% 时，意味着系统负荷增大，末端用水量增加，这时要增开一台冷水机组。反之，当旁通流量增加到 90% 时，停开一台冷水机组。

2. 在旁通管上再增设流量计

当旁通流量计显示流量增加到一台冷水机组流量的 110% 时，停开一台冷水机组。旁通调节阀由压差控制，以保证供回水管处于恒定压差。

3. 在回水管路中设温度传感器

当回水温度变化时，根据设定值控制冷水机组的启停。

一次泵系统也可以直接采用变频控制的变流量水泵，实现变流量系统。由于没有旁通，负荷侧和冷水机组侧的水量都是变化的，因此，必须考虑流量变化对冷水机组性能的影响。

（1）要避免冷冻水量减少过多，使蒸发器内水流速度过低，导致热交换不稳定，冷冻水出口温度产生波动，最终使整个系统运行不稳定，要保证蒸发器管内最小水流速在 0.3 ~ 0.9m/s。

（2）在有多台冷水机组并联工作的条件下，当一台机组达到满负荷而开启第二台机组时，会使第一台机组的冷水量迅速减少达 30% ~ 40%。如果机组冷量不变，其蒸发器的换热温差会迅速增加，导致蒸发温度（压力）降低，达到机组的蒸发压力保护点，机组的自动保护装置会将第一台机组强制停机。可以通过控制方法解决这一问题：其中一种控制方法是冷水机组和水泵的联动控制，即当负荷发生变化时，水泵转速与冷水机组容量是同步调整的。冷水机组容量按与水泵功率（或水泵转速的 3 次方）呈比例调节。

一次泵系统比较简单，节省初投资。目前，在中小规模空调系统中应用十分广泛。

（二）将水系统设为冷热源侧和负荷侧

冷热源侧用定流量泵，保持一次环路流经蒸发器的水流量不变；负荷侧（二次环路）可以采用变频水泵或定流量水泵的台数控制实现变流量运行。这种系统称为二次泵系统或“复式”系统。

在二次泵水系统中，负荷侧用两通阀，则二次侧可以用定流量水泵台数控制、变频变流量水泵以及台数控制与变流量水泵结合，实现二次侧变水量运行。

二次泵系统有很多优点，如在多区系统的各子系统阻力相差较大的情况下，或各子系统运行时间、使用功能不同的情况下，将二次泵分别设在各子系统靠近负荷之处，会给运行管理带来更多的灵活性，并可以降低输送能耗。在超高层建筑中，二次泵系统可以将水的静压分解，减少底部系统承压。但二次泵系统初投资较高，需要较好的自控系统配合，一般用于大型、分区系统中。

三、通风空调变风量系统节能

在常规的全空气空调系统中，送风风量不变，而改变送风温度来适应负荷变化。在部分负荷工况下，定风量系统只能靠再热来提高送风温度。将冷却到露点温度的空气重新加热，造成冷热对消和能量的浪费。变风量系统是指送风温度不变以改变送风量来适应负荷变化。

变风量系统适应负荷变化是通过两级调节实现的。房间负荷调节的控制是由变风量末端（俗称变风量箱，VAV box）实现的。通过电动或 DDC（直接数字控制）控制末端风阀的开度调节风量，或通过调节变风量箱中的风机转速来调节风量。空气处理装置（空调箱，AHU）的送风量则根据送风管内的静压值或末端风阀的开度值进行风机变转速调节。在部分负荷时，末端风量需求减少，空调箱的送风量也相应减少。空调箱的送风机应选用性能曲线比较平缓的机型，从而在风量减少时不至于引起送风静压过快升高。

变风量末端的控制方式分为压力相关型和压力无关型两种。压力相关型的变风量末端结构简单，其风阀的开度受室温控制。送风量受入口风压的变化影响大，会对室温控制带来干扰。压力无关型变风量末端装置内设有风量检测装置，通过控制器，在送风温度恒定的情况下，送风量和室内负荷匹配，受入口静压变化的影响小。当室内负荷发生变化时，室内温控器输出信号会改变风量控制器上风量的设定值，将改变值与实测风量进行比较运算，输出控制信号调节末端装置中风阀开度，使送风量与室内负荷匹配，以保证室温恒定。

如果在节流型变风量箱中增加一台加压风机，就成为风机动力型变风量箱。按照加压风机与风阀的排列方式又分为串联型和并联型两种。串联型是指风机和风阀串联内置，一次风通过风阀调节，再通过风机加压。并联型是指风机和风阀并联内置，一次风只通过风阀，而不需通过风机加压。

空调箱的送风量控制又可分为定静压和变静压控制两种基本形式。定静压控制的原理是：变风量箱根据室内负荷变化，调整末端出风量。出风量的变化引起系统管路中静压的变化。在送风系统管网的适当位置（常在风管总长的2/3或3/4处）设置静压传感器。定静压控制的目标是保持该点的静压恒定，通过不断调节空调箱送风机输入电力频率来改变空调系统的送风量。定静压系统的运行随送风量的变化、风机的转速变化，降低了风机动力。

定静压控制方法在管网较为复杂时，很难确定静压传感器的设置位置和数量，节能效果较差。

变静压控制的原理是：使具有最大静压值的变风量箱装置风阀尽可能处于全开状态来进行控制。根据室内的要求风量（室温传感器的计算值）与实际送风量（风速传感器的计算值）进行比较，风量不足时尽可能开大阀门。即使具有最大静压值的变风量箱装置的要求风量仅为50%，也可以尽量使变风量箱处于全开状态（80% ~ 100%）最大限度地开启阀门（减低风速）。其结果使得变风量箱的入口静压仅为设计值的1/4，大幅度降低了系统静压。

在理论上，变静压控制的变风量系统要比定静压控制更节能。

但是，变风量空调系统从本质上来说是负荷追踪型控制。它是在大面积建筑中，由于内区和周边区的负荷差别以及不同朝向之间的负荷差别而发展起来的一种全空气空调系统。变风量空调系统通过改变各区域送风量来适应各区域的负荷差异。变风量空调系统的新风供给是影响变风量空调系统环境性能的重要因素。合理利用新风，可以使变风量空调系统在节能的同时，保证房间内的空气品质。新风利用如果不合理：一方面会造成变风量空调系统的能耗增加，另一方面可能会造成变风量空调系统内某些分区新风量的不足，造成室内空气品质恶化。

变风量空调系统的最大特点是其送风量会随着室内负荷的变化而变化。送风量的变化又影响到空调箱内的压力状况，尤其是混合段的压力，最终会影响系统的新风量。必须对变风量空调系统的新风量实施有效的控制，以保证变风量空调系统的新风量可以满足环境要求。

变风量空调系统的新风控制方式有以下几种。

（一）设定最小新风阀位

指对新风阀设定一个最小开度阀位。实际上是沿用定风量空调系统的新风控制办法。然而研究发现，这种方法可以近似地认为是固定新风比，即随着变风量空调系统送风量下降，新风量也相应下降。如果引起送风量下降的负荷减少不是因为人员数量变化，即室内要求新风量不变，则这种控制方式会造成新风量不足，引起室内空气质量（IAQ）问题。

（二）根据送风量变化调节新风阀开度

指在变风量空调系统的送风量发生变化时对新风阀的开度进行调节，从而使送入室内的新风量不随送风量的变化而发生变化，即维持新风量恒定。这种方法在理论上十分简单，但在实际情况中不一定能够保证新风量恒定。这是因为当变风量空调系统的送风量下降时，回风量也会相应下降，造成混合段的压力升高，导致新风入口到混合段的压差降低。在这种情况下，如果依靠增大新风阀的开度来增加新风量：一方面，调节阀的调节能力有限；另一方面，新风量很容易受到系统边界条件如风口风压变化等因素的影响，使得实际新风量远远小于设计最小新风量，造成室内新风量不足，产生室内空气质量（IAQ）问题。

（三）风机跟踪法控制新风量

利用送风量和回风量的差值间接控制新风量，一般常见于双风机系统。它根据送风管内静压来控制送风量，再根据送风量来控制回风量，使两者的差值保持恒定。这种方法在理论上是合理的，但实际上由于其测量原理是基于小量等于大量之差的原理，其必然后果是大量的一个较小的相对误差所带来的小量的绝对误差就会很大。例如，一个变风量空调系统的送风量为 8000m^3/h，最小新风量为 2000m^3/h，如果送风量和回风量的测量误差各为 5%，则新风量的绝对误差为 700m^3/h，也就是说，在送风量和回风量读数分别为 8000m^3/h 和 6000m^3/h 时，理论上新风量应该为 2000m^3/h，而实际上新风量可能是 1300m^3/h 到 2700m^3/h 中的任何值。一方面可能会造成系统能耗增加，另一方面可能会造成新风量不足，引起空气质量（IAQ）问题。

（四）利用回风阀开度调节新风量

这种调节方法是指利用变风量空调系统的设计新风量与采用 CO_2 浓度法实测得到的新风量进行比较，并将其差值作为控制信号来调节回风阀，形成一个负反馈控制系统。当新风量实测值小于系统设计值时，则应关小回风阀，造成混合段的负压升高，新风入口到混合段的压差增大，新风量相应增大；如果新风实测值大于系统设计值而系统又处于最小新风运行工况，则调节过程相反。这种方法避免了对新风阀的调节，利用回风阀来调节空调箱混合段的负压，保证新风量的恒定。

（五）CO_2 浓度监测控制法

利用室内 CO_2 浓度作为衡量新风量是否达到要求的参数，在一定 CO_2 浓度范围内对新风实行比例控制。例如，将 CO_2 浓度的上下限分别设为 600×10^6 和 800×10^6，当回风 CO_2 浓度位于这个区间时，新风阀在最小新风阀位和全开之间进行调节；当回风 CO_2 浓度大于 800 × 10% 时则维持新风阀全开；当回风 CO_2 浓度小于 600×10^6 时，则维持最小新风阀位（一般为 30% 的开度）。这种控制方法适合于人员密度较大的场合。当人员密度较低时，如果根据 CO_2 浓度减小新风量，会造成对建筑部分的污染物稀释不足，引起室内空气质量（IAQ）问题。

（六）定风量风机控制法

在新风管路中加设一台定风量风机，使得新风量在送风量变化时不会受到影响，始终维持恒定。有的是将整个大楼的新风用统一的空调箱处理后送到各层面，有的是在每层新风管路加设定风量风机以维持新风量恒定。这种方法的不足是会增加系统能耗，同时在过渡季节无法利用新风免费供冷，不利于系统的节能。

（七）人员数直接控制法

直接测得每个楼面的实际人员数，根据人员数来决定实际需要的新风量。这种控制方法的优点是实现新风量的动态调节，在保证室内空气品质的前提下尽量节能。这种方法由于需要测量人员数的设备投资较高，在人员数较少时也会造成对建筑污染物稀释能力的不足。

需要指出的是，如果对变风量空调系统的新风控制设计不当，变风量系统（尤其是末端带风机的串联式 FPB 系统）不但不节能，甚至会比常规的风机盘管 + 新风系统更耗能。

另外，变风量系统很难实现全新风运行。但是，目前国内少量高档办公楼采用的变风量空调系统，一般都是将新风（CAV）送入楼层空调机房，通过楼层变风量（VAV）空调箱与回风混合后送入室内。这样的系统是没有可能实现全新风运行的。因此，目前有关部门针对变风量（VAV）空调系统提出以下运行建议：

（1）将 VAV 控制模式调整至固定（最大）新风模式。

（2）将 VAV 末端控制模式调整至定风量（最大风量）模式，部分负荷时关闭冷水阀，如果房间过冷，采用手动模式局部调整风量。

（3）增加房间排风量，可以开窗的房间，将窗户部分打开，必要时加大排风机功率或开启排烟风机。

（4）开启楼梯间消防加压风机，将楼梯间门打开，以增加新风量。

参考文献

[1] 张华伟 . 暖通空调节能技术研究 [M]. 北京：新华出版社，2020.

[2] 周震，王奎之，秦强 . 暖通空调设计与技术应用研究 [M]. 北京：北京工业大学出版社，2020.

[3] 王子云 . 暖通空调技术 [M]. 北京：科学出版社，2020.

[4] 晁岳鹏，宋全团，张会粉 . 暖通空调安装与自动化控制 [M]. 长春：吉林科学技术出版社，2020.

[5] 史晓燕，王鹏 . 建筑节能技术 [M]. 北京：北京理工大学出版社，2020.

[6] 余俊祥，高克文，孙丽娟 . 疾病预防控制中心暖通空调设计 [M]. 杭州：浙江大学出版社，2020.

[7] 强万明 . 超低能耗绿色建筑技术 [M]. 北京：中国建材工业出版社，2020.

[8] 徐新华 . 建筑环境与能源应用工程专业毕业设计指导 [M]. 北京：机械工业出版社，2020.

[9] 王军 . 室内通风与净化技术 [M]. 北京：中国建筑工业出版社，2020.

[10] 全贞花 . 可再生能源在建筑中的应用 [M]. 北京：中国建筑工业出版社，2020.

[11] 姚杨 . 暖通空调热泵技术 [M]. 北京：中国建筑工业出版社，2019.

[12] 江克林 . 暖通空调节能减排与工程实例 [M]. 北京：中国电力出版社，2019.

[13] 李联友 . 暖通空调施工图识读 [M]. 北京：中国电力出版社，2019.

[14] 黄中 . 暖通空调系统设计指南系列医院通风空调设计指南 [M]. 北京：中国建筑工业出版社，2019.

[15] 陈东明 . 建筑给排水暖通空调施工图快速识读 [M]. 合肥：安徽科学技术出版社，2019.

[16] 王培红 . 节能环保 [M]. 南京：江苏凤凰科学技术出版社，2019.

[17] 田娟荣 . 通风与空调工程 [M]. 北京：机械工业出版社，2019.
[18] 梁益定 . 建筑节能及其可持续发展研究 [M]. 北京：北京理工大学出版社，2019.
[19] 马国远，孙晗 . 制冷空调环保节能技术 [M]. 北京：中国建筑工业出版社，2019.
[20] 宋德萱，赵秀玲 . 节能建筑设计与技术 [M]. 北京：中国建筑工业出版社，2019.
[21] 杨申仲，岳云飞，李德峰 . 空调制冷设备管理与维护问答 [M]. 北京：机械工业出版社，2019.
[22] 邹秋生，粟珩 . 多能互补供暖空调工程节能检测指南 [M]. 上海：上海科学技术出版社，2018.
[23] 扈恩华，李松良，张蓓 . 建筑节能技术 [M]. 北京：北京理工大学出版社，2018.
[24] 高龙 . 现代纺织空调工程 [M]. 北京：中国纺织出版社，2018.
[25] 赵文成 . 中央空调节能及自控系统设计 [M]. 北京：中国建筑工业出版社，2018.
[26] 杨培志 . 绿色建筑节能设计 [M]. 长沙：中南大学出版社，2018.12.
[27] 何为，陈华 . 暖通空调技术与装置实验教程 [M]. 天津：天津大学出版社，2018.
[28] 顾洁 . 暖通空调设计与计算方法 [M]. 3 版 . 北京：化学工业出版社，2018.
[29] 曹洁，苏小明 . 建筑暖通工程设计与实例 [M]. 合肥：安徽科学技术出版社，2018.
[30] 赵文成 . 中央空调节能及自控系统设计 [M]. 北京：中国建筑工业出版社，2018.
[31] 王文琪 . 暖通空调系统自动控制 [M]. 长春：东北师范大学出版社，2018.
[32] 董长进 . 医院暖通空调设计与施工 [M]. 哈尔滨：哈尔滨工业大学出版社，2018.
[33] 王燕飞 . 面向可持续发展的绿色建筑设计研究 [M]. 北京：中国原子能出版社，2018.